M20+
- Truck-Fahrtregler mit Lichtanlage
- Tempomat-Fahrverhalten
- 20A/16kHz 7,2V & 12V, auch Lipo
- 3A/5V BEC Empfänger-Versorgung

SMX
- Universelles Truck-Soundmodul
- Turbolader, Druckluft, Fanfare
- Actros, Scania, TGA-Sound
- 7,2V & 12V

Fahrtregler - Lichtanlagen - Soundmodule - Modellfunk
Unser vollständiges Programm finden Sie unter www.servonaut.de
Kostenlosen Katalog bitte anfordern!

www.servonaut.de
mail@servonaut.de   tematik GmbH   Feldstraße 143   D-22880 Wedel
Fon 04103 - 808989-0
Fax 04103 - 808989-9

5 Jahre Garantie

Maschinen Made in Germany

Drehmaschinen

mit Rundsäulenführung
oder
mit massivem Prismengussbett

Spitzenweite von 350 – 600 mm, Antriebsleistung 1,4 kW und
30-2300 U/min bzw. 2,0 kW und 100-5000 U/min

Fräsmaschinen

alle WABECO-Maschinen
elektronisch stufenlos regelbar

in verschiedenen Tischgrößen lieferbar

Antriebsleistung 1,4 kW und 140-3000 U/min
bzw. 2,0 kW und 100-7500 U/min

Auch als CNC Dreh- und Fräsmaschinen lieferbar

Walter Blombach GmbH • Postfach 12 01 61 • 42871 Remscheid
Tel.: (0 21 91) 5 97-0 • Fax: (0 21 91) 5 97-42
E-mail: info@wabeco-remscheid.de
www.wabeco-remscheid.de

Zeitschriften,
Fachbücher,
Baupläne,
alles zum Thema
Modellbau unter:

www.neckar-verlag.de

GEWU® ELECTRONIC

Jürgen Gerold
Ruselstraße 5
D-84149 Velden

Tel.: 08742 / 91 81 - 33
Fax: 08742 / 91 81 - 34
www.gewu.de

Die Elektronik für Ihr Truck-Modell

Lieferprogramm:
- ✔ Elektrische Anlage
- ✔ Infrarotanlage
- ✔ Multi-Truck-System
- ✔ 8-Kanal Multiswitch
- ✔ 1-Draht-Übertragung
- ✔ Schalterplatinen
- ✔ Servosteuerungen
- ✔ Stützensteuerungen

Besuchen Sie uns im Internet

Akkus und Ladegeräte

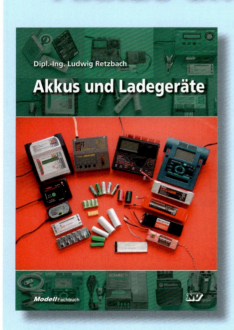

Der Klassiker! Komplett überarbeitet, inkl. Lipo-Technik

Dipl.-Ing. Ludwig Retzbach
Akkus und Ladegeräte

Lithium-Akkus haben für tiefgreifende Umwälzungen in der Modelltechnik gesorgt. Deshalb wurde auch die inzwischen 14. Auflage des Standardwerks „Akkus und Ladegeräte" von Dipl.-Ing. Ludwig Retzbach von Grund auf komplett überarbeitet und auf den aktuellsten Stand der Akku- und Ladetechnik gebracht. Unser Buch geht nicht nur ausführlich auf verschiedene Varianten von Lithium-Akkus (so auch die modernen Eisenphosphat-Zellen) ein, es gibt auch nützliche Tipps für die notwendige Ladeüberwachung und zeigt die Einsatzfelder der verschiedenen Akkutypen auf. Natürlich werden auch „Akkuklassiker" auf Basis von Blei, Nickel-Cadmium sowie verschiedene Neuentwicklungen von Nickel-Metallhydrid-Zellen behandelt. Breiten Raum nehmen auch die modernen prozessorgesteuerten Ladegeräte ein.
Zahlreiche Diagramme, Prinzipdarstellungen und Fotos tragen zum Verständnis der Technik bei.

Umfang	168 Seiten
Abbildungen	117
Best.-Nr.	142
Preis	€ 16,20 [D]

Neckar-Verlag GmbH • D-78045 Villingen-Schwenningen
Tel. +49(0)7721/8987-48 / -38 (Fax -50)
E-Mail: bestellungen@neckar-verlag.de • www.neckar-verlag.de

Gerhard O. W. Fischer

RC-TRUCKS
AUS BAUSÄTZEN

NECKAR-VERLAG · VILLINGEN-SCHWENNINGEN

ISBN 978-3-7883-3103-0

© 2009 by Neckar-Verlag GmbH, Klosterring 1, 78050 Villingen-Schwenningen
www.neckar-verlag.de

Alle Rechte, besonders das Übersetzungsrecht, vorbehalten. Nachdruck oder Vervielfältigung von Text und Bildern sowie Verbreitung über elektronische Medien, auch auszugsweise, nur mit ausdrücklicher Genehmigung des Verlages.

Printed in Germany by Kössinger AG, 84069 Schierling

Inhaltsverzeichnis

Vorwort 6

1. Grundsätzliches 8
1.1 Der Bau aus Baukästen 8
1.2 Die einzelnen Baugruppen 11
1.3 Erklärung einiger Fachbegriffe 13
1.4 Elektrik und Elektronik 15

2. Der Einstieg 19
2.1 Einfache Modelle 19
2.2 Elektro-Stadium Truck 23
2.3 Ein Allrad-Gelände-Pick-up 26

3. Der Aufbau von RC-Trucks 29
3.1 MAN F2000 Evolution, ein Einsteigermodell ... 31
3.2 Sattelzugmaschine SCANIA R 164 L 36
3.3 Flachbett- oder Containerauflieger 41
3.4 Tractor Truck KNIGHT HAULER 44
3.5 Mercedes Benz 1838 LS mit Tankauflieger 52
3.6 Mercedes Benz ACTROS 1853 60
3.7 VOLVO F12 mit Containerauflieger 69
3.8 KENWORTH-Zugmaschine, ein Klassiker 77
3.9 MAN-TGA-Kipper 80
3.10 CATWIESEL, ein Kettenfahrzeug 83
3.11 Amphibienfahrzeug KAIMAN 6 x 6 88
3.12 SCANIA R470 94

4. Hersteller 101

5. Ausstellungen und Messen 107

6. Australien, das Heimatland der Road-Trains ... 112

Vorwort

Ferngesteuerte Automodelle sind besonders bei den jüngeren, Trucks und Nutzfahrzeuge hingegen eher bei den etwas gesetzteren Modellbauern sehr beliebt, was sicherlich daran liegt, dass man die Modelle gleich vor der eigenen Haustüre ausprobieren kann, im Gegensatz zu Flug- und Schiffsmodellen. Truckmodelle lassen sich verhältnismäßig schnell und einfach aus Bausätzen der Modellbauindustrie aufbauen.

In diesem Buch gehe ich hauptsächlich auf RC-Truckmodelle im Maßstab 1:16 bzw. 1:14 ein, die von Elektromotoren angetrieben werden. RC-Cars haben wie ihre Vorbilder entweder Vorder-, Hinter- oder Allradantrieb, RC-Truckmodelle werden fast ausschließlich über die hintere bzw. die hinteren Achse(n) angetrieben, wenngleich auch hier Ausnahmen die Regel bestätigen.

In den Herstellerkatalogen wird meist zwischen RC-Cars und RC-Buggys unterschieden, letztere werden oft als Off-Road-Modelle bezeichnet. „Off Road" heißt soviel wie abseits der Straße, was bedeutet, dass diese Fahrzeuge nicht nur auf einer glatten Fahrbahn, sondern auch auf Rasen, Sand- und Lehmboden gefahren werden können. Ganz anders ist das bei den sog. Flachbahnrennern, wie ihr Name schon sagt, sind sie nur für das Fahren auf ebenem, flachen Untergrund konzipiert. Auch die meisten Truckmodelle sind nicht für Geländefahrten ausgelegt, sie benötigen für den Betrieb ebenfalls einen glatten Untergrund.

Wer sich dazu entschlossen hat, RC-Truckmodelle aufzubauen, sollte dennoch mit einem einfachen RC-Buggy beginnen, um erste Erfahrungen zu sammeln. Deshalb zeige ich im Kapitel 2 stellvertretend für die vielen von der Modellbauindustrie angebotenen RC-Cars drei von diesen schnell aufzubauenden Modellen. Die dabei gesammelten Erfahrungen kommen einem beim Truckmodellbau zugute.

VORWORT

Was den Truckmodellbau u. a. so beliebt macht, ist, dass sich eigene Gedanken, Vorstellungen und Wünsche realisieren lassen und dadurch nicht jedes Baukasten-Truckmodell dem anderen gleicht. Viele Variationsmöglichkeiten lassen sich verwirklichen, denn auch bei den Vorbildern gibt es viele Varianten.

Das Wort „Truck" kommt aus dem Englischen und heißt wörtlich übersetzt Lastkraftwagen. Bei uns bekannt geworden ist der Begriff „Truck" aber hauptsächlich durch die legendären großen US-Trucks, die tagein, tagaus über die Highways in den USA donnern. Inzwischen werden aber auch bei uns alle großen Lkws als Trucks bezeichnet.

In den USA und Australien befördern Trucks ihre Ladung meist in Containern. An diesen Fahrzeugen ist für europäische Verhältnisse alles überdimensional, vor allem die Abmessungen der Zugmaschine, die Anzahl der Achsen, die Kapazität der Kraftstofftanks usw., denn diese Fahrzeuge sind während einer einzigen Fahrt oft tagelang unterwegs. Im Gegensatz zu ihren europäischen Kollegen sind viele amerikanische Trucker aber nicht nur Fahrer, sondern auch Besitzer ihrer Lastzüge. Das ist auch ein Grund dafür, dass es in den USA eine viel größere optische Vielfalt von Trucks gibt, denn was die äußere Gestaltung anbetrifft, wetteifern die Trucker untereinander um das schönste Aussehen ihrer Zugmaschinen. Außerdem pflegen US-Trucker ihr Image von harten Männern, sie sehen sich als die Nachfahren der Cowboys, nur mit dem Unterschied, dass sie heute keine Wildpferde, sondern ihre mehrere 100 PS starken Maschinen bändigen.

Einige Trucker sind auch vom Rennfieber befallen und so werden auch Truckrennen ausgetragen. Der schnellste Renntruck erreichte auf einem Salzsee eine Höchstgeschwindigkeit von 472 km/h. Beim 200-Meilen-Rennen von Atlanta schaffte ein Truck 211 km/h und ein Dragster-Truck mit Gasturbinenantrieb brachte es mit einem Nachbrenner auf eine Leistung von 4.410 kW (6.000 PS): Er beschleunigte in 11 Sekunden auf Tempo 280!

Gerhard O. W. Fischer

1. Grundsätzliches
1.1 Der Bau aus Baukästen

Generell enthalten die Baukästen von RC-Truckmodellen alle zum Bau des Modells erforderlichen Einzelteile, den Motor und oft auch schon einen elektronischen Drehzahlsteller. Als Fernsteueranlage wird eine einfache 2-Kanalanlage benötigt, sofern keine Sonderfunktionen eingeplant werden, wie z. B. das ferngesteuerte Auslösen der Trailerkupplung oder das Schalten einer Beleuchtung, der Hupe o. Ä. In diesem Fall würden dann weitere Servos und somit weitere Übertragungskanäle an der Fernsteueranlage benötigt. Da z. B. alle TAMIYA-Baukästen mit einem Dreigang-Schaltgetriebe ausgerüstet sind, ist auch für die Betätigung des Schaltgetriebes ein separates Servo erforderlich. Also sollte man sich sicherheitshalber mindestens eine (am besten noch weiter ausbaufähige) 4-Kanal-Anlage anschaffen. Die Fernsteueranlage sollte auch möglichst schon zusammen mit dem Truckbausatz angeschafft werden, da einige Komponenten der Anlage wie z. B. das Lenkservo meistens gleich bei Baubeginn benötigt werden. Beim Kauf der Anlage ist zu beachten, ob der Empfänger oder Drehzahlsteller mit einem BEC-System ausgestattet ist, da in vielen Trucks für eine getrennte Empfängerstromversorgung oft kein Platz vorhanden ist. Empfänger, Drehzahlsteller und Servos holen sich ihre Betriebsspannung dann über das BEC-System direkt aus dem Fahrakku.

2-Kanal-Fernsteueranlage

GRUNDSÄTZLICHES

Die Bauteile werden übersichtlich und leicht zugänglich nach Baugruppen sortiert in kleine Kästchen gelegt

Die im Bausatz nach Baugruppen sortiert liegenden Teile legt man übersichtlich vor sich auf dem Arbeitstisch aus. Kleinteile wie Schrauben, Muttern usw. bewahrt man am besten in kleinen Kästchen auf, so dass man schnell Zugriff zu ihnen hat. Als Werkzeuge werden benötigt: Schraubendreher, Pinzette, Schlüsselfeilen, Hobbymesser, Zange und Schraubenschlüssel. Einige Baukästen enthalten auch spezielles Werkzeug wie z. B. Inbusschlüssel.

Die erste Firma, die sich mit der Herstellung von Truckmodell-Baukästen befasste, war die Firma WEDICO aus Deutschland. Dabei handelt es sich um Ganzmetall-Modelle im Maßstab 1:16. Die Bauteile sind gut vorgearbeitet, mit allen Bohrungen versehen und brauchen kaum nachgearbeitet zu werden. Alle Teile werden miteinander verschraubt, Schrauben und Muttern verschiedener Größen liegen im Baukasten, die Passgenauigkeit ist ausgezeichnet. Sämtliche Modelle eignen sich zum Einbau einer Fernsteueranlage. Alle Bauteile sind aus rostfreiem Aluminium, Edelstahl oder hochwertigem Kunststoff gefertigt. Es gibt mehrere Einzelbaukästen, aus denen der eigentliche Truck, also die Zugmaschine nebst verschiedenen Aufliegern oder Anhängern, gebaut werden kann. Diese Grund- und Systembausätze sind weiter ausbaufähig, so dass das Modell nach und nach, wie es der Geldbeutel gerade erlaubt, aufgebaut und erweitert werden kann.

GRUNDSÄTZLICHES

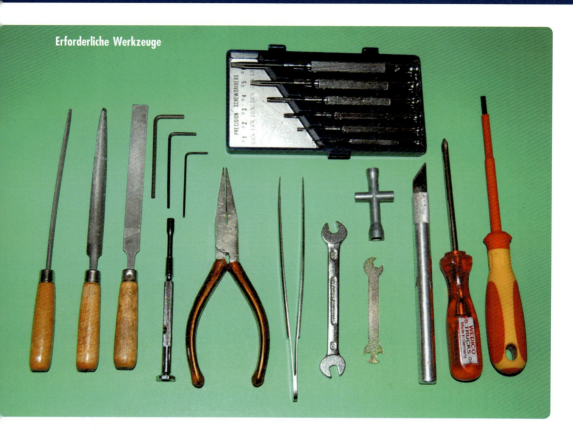

Erforderliche Werkzeuge

Weiter gibt es Kombinationsmöglichkeiten, um die Truckmodelle auch individuell, je nach Geschmack des einzelnen Modellbauers, gestalten zu können. Die Modelle sind nicht nur ausbaufähig, sondern auch wieder zerlegbar, so dass nach einer bestimmten Zeit der Truck umgerüstet werden kann. Lackierarbeiten sind meist nicht notwendig, da alle Teile bereits werkseitig lackiert sind und z. B. die Fahrerhäuser in verschiedenen Farben erhältlich sind. Dekorstreifen zur weiteren Ausgestaltung liegen den Baukästen bei.

Außer den Systembaukästen gibt es bei WEDICO auch Komplett-Baukästen. Diese enthalten bereits das gesamte zum Bau erforderliche Material, also auch den Motor mit Drehzahlsteller und alle elektrischen Bauteile für die Beleuchtungsanlage.

Eine weitere Firma, die Truckmodell-Baukästen anbietet, ist die Firma TAMIYA. TAMIYA-Truckmodelle sind im Maßstab 1:14 konzipiert, sie passen dennoch gut zu den WEDICO-Modellen, da der Größenunterschied nicht so gravierend ist. Die Fahrerhäuser der TAMIYA-Modelle bestehen jedoch aus Kunststoff, das Chassis aus einem Alu-Leiterrahmen. Bei diesem verwindungsfreien Leiterrahmen-Chassis werden Aluminium-Seitenträger und Kunststoff-Querträger verwendet, welche eine leichte und stabile Konstruktion ergeben. Alle wichtigen Teile sowie das Fahrerhaus werden auf diesem Chassis montiert.

GRUNDSÄTZLICHES 1

Zum Lackieren der Fahrerhäuser werden die TAMIYA-TS-Spray-Farben empfohlen. Auch diese Modelle werden Schritt für Schritt in einzelnen Baustufen aufgebaut. Ein 3-Gang-Schaltgetriebe ist bei jedem TAMIYA-Truck serienmäßig im Baukasten enthalten. Dieses Schaltgetriebe besteht aus sechs Synchron-Zahnrädern und einer Rutschkupplung, welche von einem Schaltservo betrieben wird. Ein ruckfreies Schalten wird ohne Leerlauf erreicht und dies erlaubt es dem Fahrer, während der Fahrt jeden beliebigen Gang zu wählen.

Als dritter Hersteller kam vor einigen Jahren die Firma robbe mit Truckmodell-Baukästen auf den Markt. Fast alle robbe-, TAMIYA- und WEDICO-Baukästen sind auch bei der Firma CONRAD ELECTRONIC zu bekommen. Außerdem liefert Conrad viele Einzelteile zum Bau von Truckmodellen, z. B. Motoren, elektronische Drehzahlsteller und Bausätze für elektronische Schaltungen.

Noch recht neu im Modelltruck-Geschäft ist die Firma GRAUPNER mit einem Muldenkipper-Lkw, nämlich dem Zweiachs-Dreiseitenkipper MAN-TGA M. Eine Beschreibung dieses außergewöhnlichen Modells erfolgt im Abschnitt 3.9.

1.2 Die einzelnen Baugruppen

Begonnen wird meist mit dem Zusammenbau des Fahrgestells. Es besteht in der Regel aus Aluminium- und Kunststoffspritzgussteilen und dient zur Aufnahme des Lenkservos, des Differenzialgetriebes, des Motors, der Radaufhängungen und damit auch der Achsen hinten und vorne. Während RC-Cars in der Regel mit Einzelradaufhängungen ausgestattet sind, was bedeutet, dass jedes Rad einzeln federnd aufgehängt ist, um sich so den Unebenheiten des Bodens anpassen zu können, lagern die Achsen von RC-Trucks auf Blattfedern. Für eine gute Dämpfung sorgen je nach Modell evtl. zusätzliche Feder- oder Öldruckstoßdämpfer. Gut wirkende Stoßdämpfer halten die Fahrzeugmodelle besser in der Spur und sorgen stets für einen guten Bodenkontakt.

Die Lenkung gehört zu den wichtigsten Baugruppen überhaupt, von ihrer Ausführung hängt das Fahrverhalten ganz wesentlich ab. Voraussetzung ist Leichtgängigkeit, möglichst ohne jegliches Spiel. Die Kraftübertragung erfolgt von einem Servo auf das Lenkgestänge und die Spurstange und von dort auf die beiden Vorderräder. Das Lenkgestänge ist direkt mit dem Servohorn bzw. dem Servosaver verbunden. Um Beschädigungen am Lenkservo zu vermeiden, werden diese Servosaver zwischen Servohorn und Servoachse eingebaut, die das Servo vor einer Überlastung durch Lenkstöße schützen sollen.

Als Antriebsmotoren für Truckmodelle, die aus Baukästen aufzubauen sind, werden grundsätzlich Elektromotoren verwendet. Elektromotoren lassen sich in ihrer Drehzahl gut regeln und problemlos von Vorwärts- auf Rückwärtsfahrt umschalten. Reicht

GRUNDSÄTZLICHES

ein Motor nicht aus, lassen sich auch zwei einbauen, um dem Modell mehr Kraft zu verleihen. Bei Verwendung von zwei Motoren muss allerdings ein größerer Akku oder zwei kleinere (parallel geschaltet) eingebaut werden, weil zwei Motoren natürlich mehr Strom verbrauchen als einer. Zur Geschwindigkeitsregelung wird ein elektronischer Drehzahlsteller eingebaut. Die hohen Drehzahlen eines Elektromotors werden durch ein nachgeschaltetes Getriebe verringert (untersetzt). Die erforderlichen Bauteile zum Aufbau eines Untersetzungsgetriebes liegen jedem Baukasten bei.

Getriebe sind dazu da, um die Drehzahl des Elektromotors auf die erforderliche Drehzahl der Antriebswelle zu untersetzen. Bei einem Direktantrieb (also ohne Getriebe) wäre das Drehmoment des Motors viel zu gering, das Modell würde sich kaum von der Stelle bewegen. Im einfachsten Fall besteht ein Untersetzungsgetriebe aus zwei Zahnrädern, dem Antriebszahnrad auf der Motorwelle und dem Zahnrad auf der Antriebswelle. Eine solche Anordnung wird einstufiges Getriebe genannt. Man spricht von einer Untersetzung von 2:1, wenn das Zahnrad auf der Motorwelle halb soviel Zähne hat, wie das auf der Antriebswelle. In diesem Fall erhält man die halbe Drehzahl. Andererseits bedeutet das, dass sich das Drehmoment an der Antriebswelle verdoppelt.

Differenzialgetriebe sind notwendig, da bei allen Radfahrzeugen das äußere Rad bei Kurvenfahrt einen weiteren Weg zurücklegen muss, als das innere. Das Differenzialgetriebe trägt dazu bei, den bei einer starren Verbindung der Räder einer Achse sonst entstehenden Reibungsverlust zu eliminieren und damit ein ausgewogenes Fahrverhalten zu erzielen. Die Funktionstüchtigkeit eines Differenzials kann man leicht überprüfen, indem ein Antriebsrad festgehalten und das gegenüberliegende von Hand gedreht wird. Lässt es sich leicht drehen, ist das Differenzial in Ordnung. Sollte sich jedoch ein größerer Widerstand bemerkbar machen, sollte das Differenzial geöffnet und nach den Ursachen für den Fehler geforscht werden.

Beim Aufziehen der Reifen auf die Felgen ist es wichtig, die Gummireifen am Rand der Felgen wenigstens an einer Stelle mit Sekundenkleber zu fixieren, damit sie später nicht auf den Felgen verrutschen können.

Die Karosserie bzw. das Fahrerhaus besteht entweder aus Metall oder aus Kunststoff. Während Metall-Fahrerhäuser meistens bereits lackiert sind, werden Fahrerhäuser aus Kunststoff in der Regel unlackiert geliefert. Dem Modellbauer bleibt es dann selbst überlassen, in welcher Farbe er es bemalen möchte. Im Fahrerhaus wird die RC-Anlage untergebracht. Auch der Fahrakku findet oft dort Platz oder er ist unterhalb des Fahrgestells in einer Akkuhalterung zu finden. Beim Einbau einer Fernsteueranlage in das Fahrerhaus müssen meist die Fahrersitze ausgebaut werden, da für sie dann kein Platz mehr vorhanden ist.

Die Sattelkupplung wird am hinteren Teil des Fahrgestells angebracht. Sie dient zur Verbindung von Zugmaschine und Auflieger und kann in der Regel über ein Servo ferngesteuert geöffnet bzw. verriegelt werden.

GRUNDSÄTZLICHES

Soll das Truckmodell eine funktionstüchtige Beleuchtungsanlage erhalten, so ist es von Vorteil, diese schon während des Baus einzubauen und nicht erst zu warten, bis der Truck an sich bereits fertig ist. In diesem Fall müssen viele Bauteile wieder abmontiert werden, um die Kabel verlegen zu können. Dasselbe gilt für Hörner, Fanfaren und Geräuschgeneratoren.

1.3 Erklärung einiger Fachbegriffe

Wie auf allen Fachgebieten, so gibt es auch beim RC-Fahrzeug-Modellbau Begriffe und Fachausdrücke, die nicht allgemein bekannt sind, weshalb sich Einsteiger auf diesem Gebiet oft schwer tun. Um hier Abhilfe zu schaffen, werden nachfolgend die gebräuchlichsten und immer wiederkehrenden Ausdrücke erklärt.

Akkupack: Mit Akkupack wird eine Zusammenschaltung (Reihenschaltung) von mehreren NiCd- bzw. NiMH-Akku-Einzelzellen bezeichnet, um auf eine höhere Gesamtspannung zu kommen. Alle Fahrakkus bestehen aus mehreren hintereinander geschalteten Einzelzellen.

BEC-Schaltkreis: Dies ist eine Stabilisierungsschaltung, die eine getrennte Empfängerstromversorgung ersetzt. Der Empfänger erhält dadurch seine Betriebsspannung aus dem Fahrakku. Die Betriebsspannung für den Empfänger wird dabei auf 5 Volt konstant gehalten. (BEC = Battery-Eliminator-Circuit).

Bremspotenziometer: Manche mechanische Drehzahlsteller sind so ausgelegt, dass zwischen der Umschaltung von Vorwärts- auf Rückwärtsfahrstellung die beiden Pole des Elektromotors kurzgeschlossen werden. Der ohne Strom noch mit Schwung laufende Elektromotor wirkt jetzt als Generator. Werden in dieser Lage die beiden Pole kurzgeschlossen, ergibt das eine starke Bremswirkung (EMK = Elektromagnetische Kraft).

Bleed-Screw: Mit diesem Ausdruck werden Schrauben bezeichnet, die am höchsten Punkt eines Öldruckstoßdämpfers sitzen und ein Ablassen von überschüssigem Öl und Luft ermöglichen.

Differenzial: Ein Differenzial ist ein Ausgleichsgetriebe, welches das Antriebsdrehmoment unabhängig von der Drehzahl gleichmäßig auf die Antriebsräder verteilt. Dadurch wird eine bessere Kurvenfahrt erreicht, weil kein Reifen „radiert". Bei einem Ausgleichsgetriebe gelangt nie mehr Drehmoment auf den Boden, als das Rad mit der geringeren Bodenhaftung gestattet.

Drift: Abweichung des gefahrenen vom eigentlichen Kurs. Bei Fernsteueranlagen spricht man von Drift, wenn es eine Abweichung des Sollwertes vom Stellwert gibt.

GRUNDSÄTZLICHES

Getriebebox: Gehäuse, meist aus hartem Kunststoffguss, in dem sich die Zahnräder des Antriebsgetriebes und Differenzials bewegen.

Halbachse: Radantriebsachse, bei der jedes Rad an einer Achshälfte befestigt ist. Über ein Gelenk sind beide Achshälften mit dem Antriebsgetriebe verbunden. Da Halbachsen beim Durchfedern pendeln, spricht man auch von Pendelachsen.

Kardanwelle: Gelenkantriebswelle bei Allradfahrzeugmodellen und Antriebswelle bei Truckmodellen. Sie verbindet das vorne am Motor sitzende Schaltgetriebe mit dem auf der Hinterachse sitzenden Differenzialgetriebe.

Kugelköpfe: Kugelköpfe werden zur Lenkung benutzt und dienen als Halterung für die Lenk- und Spurstangen.

Kugelpfanne: Mit Kugelpfanne oder manchmal auch Kugelschnäpper genannt, wird ein Lager bezeichnet, in das der Kugelkopf eines Kugelgelenkes eingedrückt wird. Praktische Anwendung findet die Kugelpfanne bei der Lenkung und den Lenkgestängen.

LSD: Kommt aus dem Englischen: Limited Slip Differential und bedeutet soviel wie Differenzial mit begrenztem Schlupf (Sperrdifferenzial). Es verhindert ein Blockieren der Vorder- und Hinterräder bei Allradantrieb. Dieses Differenzial sitzt zwischen der Vorder- und Hinterachse.

Off-Road: Off-Road bedeutet soviel wie abseits der Straße. Gemeint ist damit, dass Off-Road-Fahrzeugmodelle nicht auf eine glatte Fahrbahn angewiesen sind. Sie können sich auch im Gelände, also auf unwegsamem Boden fortbewegen.

Pick-up: Bei einigen Nutzfahrzeugen findet man die Bezeichnung „Pick-up", was mit „aufnehmen" zu übersetzen wäre. Dabei handelt es sich um einen kleinen Pritschenwagen.

RC-Box: Kunststoffgehäuse, in das die Fernsteuer-Empfangsanlage eingebaut wird.

Radlastverteilung: Sie ist ausschlaggebend für das richtige Fahrverhalten. Jedes einzelne Rad einer Achse muss mit der gleichen Kraft auf dem Boden aufliegen. Trifft das nicht zu, so bricht das Modell beim Gasgeben aus.

Stock-Car: Auch Stockis genannt, sind urig aussehende Fahrzeugmodelle.

Scale-Modell: Maßstabsgetreues Modell eines bestimmten Vorbildes.

Semiscale-Modell: Das Modell entspricht nicht genau dem Vorbild, es ist nur in Anlehnung an ein bestimmtes Vorbild entstanden.

Servohebel: Lenkhebel auf dem Lenkservo, von ihm aus erfolgt die Betätigung des Lenkgestänges.

Servo-Saver: Ist eine Einrichtung, mit der Lenkungsstöße absorbiert und vom Lenkservo ferngehalten werden.

Sticker: Aufkleber zum Verschönern der Modelle. Der Ausdruck kommt aus dem Englischen: to stick = kleben.

Tuning/Tunen: Mit Tunen wird die Leistungssteigerung bei einem Modellfahrzeug bezeichnet, z. B. wenn ein spezieller Motor oder Spezialteile wie Kugellager eingebaut werden.

Torsionsfestigkeit: Verdrehungs-, Verwindungsfestigkeit.

Übersteuern: Von Übersteuern spricht man, wenn das Modellfahrzeug über die Hinterräder ausbricht. Das kann zwei Gründe haben. Entweder die Vorderräder haben einen zu starken Lenkeinschlag oder die Gewichtsverteilung stimmt nicht. Die Hinterräder verlieren zuerst an Bodenhaftung, das Heck schleudert nach außen und das Fahrzeug dreht sich um seine eigene Achse.

Untersteuern: Von Untersteuern spricht man, wenn das Modellfahrzeug über die Vorderräder ausbricht. In diesem Fall verlieren die Vorderräder zuerst an Bodenhaftung, die Lenkwirkung wird geringer und der gefahrene Kurvenradius wird wesentlich größer.

1.4 Elektrik und Elektronik

Auch beim Truckmodellbau ist es wie bei allen anderen Modellbaugebieten: Ohne Elektronik geht heute gar nichts mehr. Da besonders bei Truckmodellen alles wie bei den großen Vorbildern funktionieren muss, z. B. die Beleuchtung, das Blinken bei Fahrbahnwechsel, die Rück- und Bremslichter usw., werden spezielle elektrische Kenntnisse vorausgesetzt. Nicht genug damit, der Sound einer Truckfanfare soll natürlich auch zu hören sein, Warnblinkleuchten sollen aufmerksam machen und da sind wir bei der Elektronik. Es gibt zwar schon einige Firmen, die fertige elektronische Schaltungen von Hörnern, Dieselgeräuschgeneratoren, Sirenen und Truckfanfaren als Soundmodul auf den Markt bringen, doch gibt es ja auch die Selbstbauer, die auch diese Schaltungen mit dem Lötkolben in der Hand selbst aufbauen wollen. Für diese hat die Firma CONRAD-ELECTRONIC eine ganze Reihe von elektronischen Schaltungen entwickelt, die aus Bausätzen aufgebaut werden können. Ein solcher Bausatz enthält alle Einzelteile inkl. der gebohrten Platine, so dass man sofort mit dem Aufbau beginnen kann. Benötigt wird noch ein elektrischer Lötkolben mit einer Leistung von etwa 50 Watt, eine Pinzette zum Anfassen der kleinen Bauteile und ein Seitenschneider, um die überstehenden Drahtenden abzuschneiden.

Es kommt immer wieder vor, dass beim Aufbau von elektronischen Schaltungen kleine Fehler gemacht werden, die später eine große Wirkung, nämlich das Nichtfunktio-

1 GRUNDSÄTZLICHES

Einige elektronische Schaltungen aus Conrad-Bausätzen aufgebaut

nieren der Schaltung, zur Folge haben können. Oft ist es nur eine kleine Drahtbrücke, die übersehen wurde oder eine kalte Lötstelle, weshalb hier kurz auf das richtige Einlöten der Teile eingegangen wird.

Nachdem ein Bauteil von oben in die Platine eingesteckt wurde, wird auf der Leiterbahnseite die flache Seite der Lötkolbenspitze auf die zu verlötende Stelle gedrückt. An die Berührungsstelle halten wir etwas Lötzinn. Das schmelzende Zinn dringt zwischen Kolbenspitze und Lötstelle. Mit Lötzinn ist sparsam umzugehen. Ist das Lötzinn gleichmäßig um die Lötstelle herum geflossen, wird der Lötkolben entfernt. Zu beachten ist, dass sich während des Erstarrungsvorgangs des Zinns die Lage des Bauteils nicht verschiebt, es käme sonst zu einer „kalten" Lötstelle, die an einer matten und rauen Oberfläche zu erkennen ist. Einwandfreie Lötstellen haben eine glatte und glänzende Oberfläche. Schlechte Lötstellen, also kalte Lötstellen, weisen ständig wechselnde Übergangswiderstände auf und verursachen Störungen, die sich als Aussetzer oder völliger Funktionsausfall bemerkbar machen. Sie müssen daher unbedingt vermieden werden. Ferner ist zu beachten, dass sich zwischen den Leiterbahnen der Platine keine Zinnreste festsetzen, die Kurzschlüsse verursachen. Es ist auch zu beach-

GRUNDSÄTZLICHES

ten, dass der Lötkolben nicht zu lange an eine Lötstelle gehalten wird, weil sich die Leiterbahnen an dieser Stelle dann von der Platine lösen können. Außerdem nehmen Transistoren, Dioden und ICs Schaden, wenn sie zu heiß werden.

Bevor man die fertig gestellte Platine in Betrieb nimmt, sind die einzelnen Lötstellen zu überprüfen. Mit einer Pinzette zieht man von der Bauteileseite her (Oberseite der Platine) an jedem Drahtanschluss, um festzustellen, ob die Lötstelle einwandfrei ist. Bei einer kalten Lötstelle lässt sich der Draht herausziehen oder er lässt sich bewegen. Eine solche Lötstelle muss unbedingt nachgelötet werden.

Manchmal sollen bestimmte Schaltfunktionen über die Fernsteuerung ausgelöst werden. Elektronische Schalter, die ebenfalls aus CONRAD-Bausätzen bzw. fertigen Schaltbausteinen aufgebaut werden können, eignen sich dazu vorzüglich. Es gibt verschiedene elektronische Schalter, die anstelle eines Servos an einen Empfangskanal angeschlossen werden können. Diese Schaltungen sind so ausgelegt, dass bei ankommendem Sendersignal über ein Relais oder eine Transistorschaltstufe ein Verbraucher, z. B. die Beleuchtung oder ein Elektromotor, eingeschaltet werden kann. So lassen sich z. B. mit einem 2-Kanal-Schalter von CONRAD (Best.-Nr. 23 49 23-31 oder 22 73 90-31) über einen Fernsteuerkanal gleich zwei Schaltfunktionen steuern, also zwei Verbraucher ein- und ausschalten. Wird der Steuerknüppel des Senders nach vorne

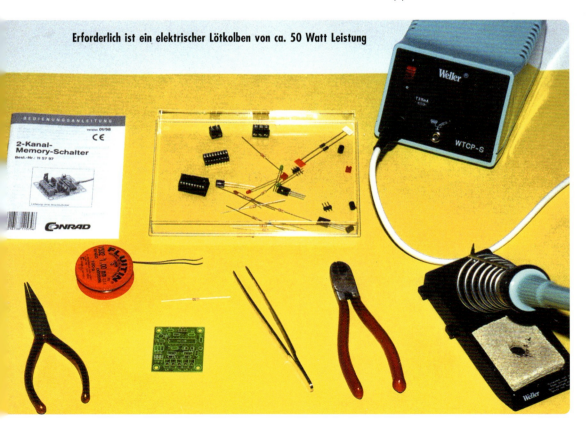

Erforderlich ist ein elektrischer Lötkolben von ca. 50 Watt Leistung

GRUNDSÄTZLICHES

gelegt, schaltet Kanal 1, wird er nach hinten gelegt, schaltet Kanal 2. In der Mittelstellung sind beide Verbraucher ausgeschaltet.

Mit einem 2-Kanal-Memory-Schalter (Best.-Nr. 11 57 97-31 oder 22 73 87-31) ist es möglich, eine 2-Kanal-Fernsteueranlage mit vier Funktionen auf sechs Funktionen zu erweitern. Der 2-Kanal-Memory-Schalter dient zum Auslösen von zwei Schaltfunktionen über einen Prop-Kanal. Dieser Baustein wird anstelle eines Servos an einem Fernsteuerkanal angeschlossen. Jeder der zwei Schaltkanäle des Memory-Schalters kann wahlweise als Tast- oder Schaltfunktion programmiert werden. Durch den Memory-Effekt bleibt der geschaltete Kanal so lange aktiv, bis der Kanal erneut betätigt wird.

Im Abschnitt 3.11 wird ein Modell beschrieben, das mit sechs Rädern ausgerüstet ist und bei dem alle sechs Räder angetrieben werden. Eine Lenkung im üblichen Sinn ist bei solch einem Modell nicht möglich. Kurven werden daher durch unterschiedliche Drehzahlen der Antriebsmotoren gefahren, was mit einem 2-Kanal-Kreuzmischermodul von CONRAD (Best.-Nr. 22 52 31-31) möglich wird. Dieser Baustein wird zwischen Empfänger und Drehzahlsteller geschaltet. Damit werden die Motoren bei Geradeausfahrt mit gleicher Drehzahl, bei Kurvenfahrt mit unterschiedlicher Drehzahl angesteuert. Dieses Kreuzmischermodul lässt sich auch bei Kettenfahrzeugen einsetzen.

2. Der Einstieg
2.1 Einfache Modelle

Wer ein Truckmodell zusammenbauen möchte, muss einige Erfahrungen im Bau von Automodellen, z. B. einfachen Buggys, mitbringen. Technisches Verständnis beim Lesen von Bauanleitungen und Verstehen von Zeichnungen gehören dazu. Es ist daher von Vorteil, wenn der Modellbauer wenigstens einen Buggy mit Elektromotor aufgebaut hat. Er versteht dann auch die im Abschnitt 1.3 erklärten Fachbegriffe besser und weiß bereits, was Spurtreue, Radstand, Kugelköpfe, Längslenker usw. bedeuten, denn alle diese Begriffe gelten für Autos und Trucks gleichermaßen. Zur Veranschaulichung werden In diesem Abschnitt einige Fotos vom Aufbau eines Buggys und eines Flachbahnrenners gezeigt, auf den Bau wird jedoch nicht näher eingegangen, da es eine riesige Anzahl und Vielfalt dieser Modelle gibt und immer wieder neue hinzukommen.

Der Baukasteninhalt des Buggys

2 DER EINSTIEG

Zunächst werden einige Fotos vom 1000-fach bewährten Einsteigermodell FIGHTER BUGGY RX von TAMIYA und anschließend vom Flachbahnrenner MERCEDES BENZ CLK DTM 2000 ebenfalls von TAMIYA gezeigt. Beide Modelle wurden in großen Stückzahlen aufgebaut und haben sich ausgezeichnet über Jahre hinweg bewährt.

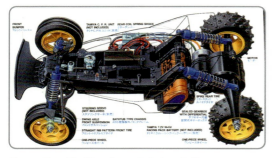

Gesamtübersicht über den technischen Aufbau (Foto: TAMIYA)

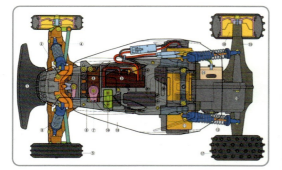

Querschnitt Übersicht (Foto: TAMIYA)

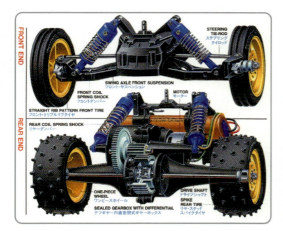

Technischer Aufbau der Vorder- und Hinterachse (Foto: TAMIYA)

Detailansicht der Vorderachse

Detailansicht der Hinterachse

Der fertige Buggy

DER EINSTIEG 2

Das Chassis des Buggys

Baukasteninhalt des Flachbahnrenners

2 DER EINSTIEG

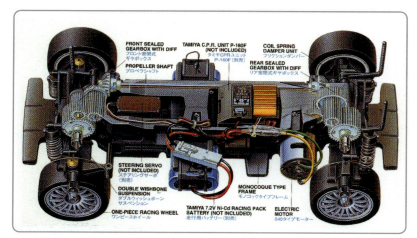

Die Technik
(Foto: TAMIYA)

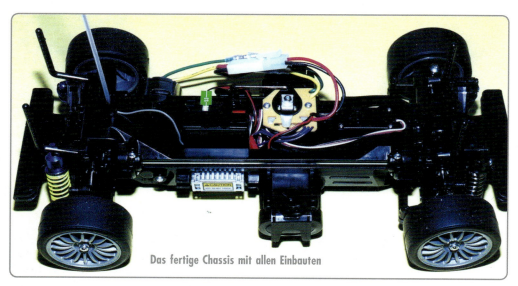

Das fertige Chassis mit allen Einbauten

Das fertige Modell, Ansicht von vorn

DER EINSTIEG 2

Fertigmodell „Stadium-Truck". Zum Lieferprogramm gehören Fernsteueranlage, Batterien für den Sender und Fahrakku 7,2 Volt

2.2 Elektro-Stadium-Truck

In letzter Zeit gibt es immer mehr Fertigmodelle. Ich selbst bin kein Freund von Fertigmodellen, denn diese Modelle haben m. E. mit Modellbau überhaupt nichts zu tun. Dabei handelt es sich um reine Fahrmodelle, die für diejenigen Käufer gedacht sind, die keine Lust oder Zeit zum Bauen, jedoch Spaß am Fahren haben. Um auch diesen Lesern gerecht zu werden, beschreibe ich stellvertretend für ähnliche Modelle nachfolgend ein solches Fertigmodell. Der Elektro-Stadium-Truck ist im Maßstab 1:10 konzipiert. Er wird komplett mit einem Fernsteuersender TECHNIPLUS geliefert und ist nach dem Einlegen eines Fahrakkus sofort fahrbereit, nachdem auch im Sender acht Mignon-Batterien (1,5 Volt) eingelegt werden. Neben einem Elektromotor der Baugröße 500, der von einem

Das Chassis bei abgenommener Karosserie

23

2 DER EINSTIEG

Blick auf die Vorderachse

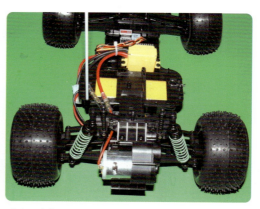

Blick auf die Hinterachse mit Motor

elektronischen Drehzahlsteller geregelt wird, ist ein 2-Kanal-BEC-Empfänger eingebaut, der seinen Strom aus dem Fahrakku bezieht. Wird die maximale Motorleistung auf die Hinterachse übertragen, sorgen die großen, griffigen Noppenreifen dafür, dass der Pick-up auch auf Sandpisten gefahren werden kann. Diese Fahrzeuge mit den großen Reifen werden in den USA als Car Chrushers bezeichnet. Sie machen vor keinem Hindernis halt und walzen alles nieder, was sich ihnen in den Weg stellt. Ähnlich verhalten sich auch die Modelle, die immer mehr Liebhaber finden.

Um die Karosserie abnehmen zu können, werden die vier Splinte entfernt. Zum Vorschein kommt ein stabiles wannenförmiges Kunststoff-Chassis. Die Vorderachse und die Hinterachse sind als eigenständige Baugruppen mit dem Chassis verschraubt. Die Vorderräder sind einzeln aufgehängt und durch Stoßdämpfer aus Schraubenfedern stoßgedämpft. Sie sind zwischen der Dämpferbrücke und den Querlenkern befestigt und dämpfen das Auslenken der Achshälften beim Überfahren von Hindernissen und Bodenunebenheiten. Der vorne angebrachte Stoßfänger aus schlagfestem Kunststoff sorgt für eine gute Dämpfung bei einem Frontalaufprall.

Der „Stadium Truck" im hohen Gras

Im vorderen Teil des Chassis ist das Lenkservo eingebaut, darüber befindet sich der BEC-Empfänger mit dem Schalter. Gleich dahinter befindet sich der elektronische Drehzahlsteller. Den mittleren Teil des Chassis bildet die Box für den Fahrakku. Die Lenkung ist als Achsschenkellenkung ausgelegt. Die Spurstangenhebel sind dabei mit jeweils einer kugelkopfgelagerten

DER EINSTIEG

In rasanter Fahrt

Spurstangenhälfte verbunden. Die jeweils anderen Enden der Spurstangenhälften sind ebenfalls kugelkopfgelagert. Da die Hebelarme starr miteinander verbunden sind, bewirkt die Schwenkbewegung des Servoarmes so das Einlenken der Räder. Integriert in den Servoarm ist ein Servo-Saver, der harte Schläge, die durch Unebenheiten auf die Räder wirken können, abfängt.

Auch die beiden Hinterräder sind einzeln aufgehängt und werden durch zwei Schraubendämpfer abgefedert. Am hinteren Teil des Chassis ist der bereits entstörte Elektromotor befestigt, der auf ein zweistufiges Getriebe wirkt, welches die Motorkraft direkt auf die Hinterachse überträgt. Eine Antriebswelle erübrigt sich dadurch. Ein Differenzial sorgt für den Drehzahlausgleich zwischen kurveninnerem und kurvenäußerem Rad. Die Antriebswellen und die Räder laufen in Sinterlagern. Der Motor benötigt eine Betriebsspannung von 7,2 Volt. Alle vier Räder sind mit Noppenreifen ausgerüstet, die für maximale Traktion in jedem Gelände sorgen. Ihr Durchmesser beträgt 110 mm, bei einer Breite von 55 mm.

Nachdem wir den Stadium-Truck kennen gelernt haben, steht einem Testlauf nichts mehr im Wege. Das Modell wird aufgebockt, so dass die Räder frei laufen können, die Fernsteueranlage eingeschaltet. Nachdem auch im Truck der Schalter betätigt wurde, werden alle Fahrmanöver im Trockenen ausprobiert: Lenkung links/rechts, Fahrtregler vor und zurück! Darauf achten, dass die Lenkung bei einem Rechtskommando auch nach rechts und umgekehrt nach links richtig arbeitet. Tut sie das nicht, ist der Reverse-Schalter unten am Sender umzuschalten. Das Gleiche gilt beim Drehzahlstellerschalter, wenn z. B. der Truck bei Vorauskommando nach rückwärts fährt.

Der Stadium-Truck ist ein robustes sehr stabiles Fahrzeug. Durch seine großen Räder mit Noppenreifen kann er überall dort noch fahren, wo andere Fahrzeuge mit kleineren Rädern schlapp machen, z. B. im Gras. Für ihn ist kein Hindernis zu groß.

Abmessungen Elektro-Stadium-Truck
Länge: 420 mm, Breite: 290 mm, Höhe: 200 mm

2.3 Ein Allrad-Gelände-Pick-up

Das Modell WILD DAGGER von TAMIYA verfügt über ein Chassis mit einer Zweimotoren-Anordnung und einem getrennten Vorderrad- und Hinterradantrieb. Die beiden Elektromotoren vom Typ 540 arbeiten auf jeweils einem Differenzialgetriebe. Die Motoruntersetzung beträgt 18,3:1. Erkennungszeichen des Modells sind seine überdimensionalen Räder mit einem Durchmesser von 120 mm.

Begonnen wird mit dem Zusammenbau der beiden Differenzialgetriebe, deren Gehäuse aus je zwei Halbschalen bestehen. Vor dem Zusammenschrauben dieser beiden Halbschalen darf man nicht vergessen, die Zahnräder einzufetten. Die Elektromotoren werden mit dem Ritzel versehen und an die Getriebegehäuse angeflanscht.

Die vier Stoßdämpfer sind zusammenzusetzen. Zwei vorne und zwei hinten werden an den Getriebegehäusen angeschraubt. Das Chassis besteht aus zwei sich gegenüberstehenden gleichen Hälften. Zunächst werden die beiden Servos, eines für die Lenkung, das andere für die Betätigung des mechanischen Fahrtstufenstellers eingebaut. Erst wenn der mechanische Fahrtstufensteller und der Belastungswiderstand montiert sind, wird die zweite Chassishälfte gegen die erste gesetzt und mit dieser verschraubt. Der Empfänger wird mittels Klebeband auf der Oberseite des Chassis angebracht. Nun können die beiden Getriebegehäuse vorne und hinten am Chassis montiert werden. Dabei ist darauf zu achten, dass die Vorderachse beim Lenkservo und die Hinterachse beim Stellservo für den Fahrtstufensteller eingebaut werden.

Baukasteninhalt

DER EINSTIEG

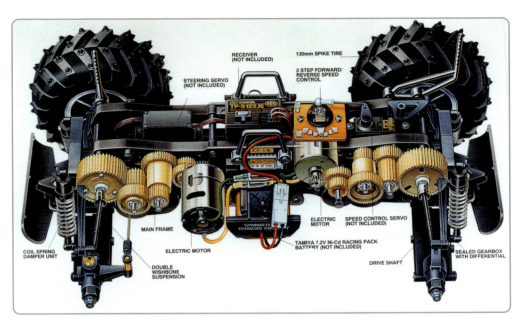

Die Technik im Modell (Foto: TAMIYA)

Nach der Montage der Räder, deren Reifen bereits auf die Felgen aufgezogen sind und dem Einlegen eines geladenen Fahrakkus mit 6 Zellen (7,2 Volt), steht einem Probelauf nichts mehr im Wege. Dazu wird das Modell so aufgebockt, dass sich die Räder frei drehen können. Ein Styroporklotz aus einer Verpackung leistet hierbei gute Dienste.

Die Karosserie wird beschnitten und anschließend von innen bemalt oder spritzlackiert. Lackiermasken für die Frontscheibe und die beiden Seitenfenster liegen dem Baukasten bei. Diese werden von innen auf die Fenster geklebt und nach dem Bemalen wieder abgezogen.

Baueinheit Vorderachse mit Getriebe und Motor

Chassisaufbau mit Fahrstufenregler und Empfänger

2 DER EINSTIEG

Die drei Hauptbaugruppen: Chassis, Vorder- und Hinterradantrieb   Das fertig zusammengebaute Fahrzeugmodell

Nach dem Aufkleben der Dekors und Sticker ist das Modell fertig und es kann ins Gelände gehen. Und dort zeigt sich, was es kann und es kann Einiges. Das Modell jagt die glatte Asphaltstraße entlang, springt über Hügel und unebenes Gelände, rast durch Gras, Sand und Kies. Nichts kann es aufhalten. Wo seine Riesenreifen Fuß fassen, prescht es davon, es gibt kaum ein Hindernis, das es nicht bezwingt.

Abmessungen WILD DAGGER
Länge: 410 mm, Breite: 315 mm, Höhe: 230 mm,
Radstand: 280 mm, Spurbreite: 255 mm

3. Der Aufbau von RC-Trucks

Selten erfreut sich ein Modellbauzweig so großer Beliebtheit. Truckmodelle werden in den verschiedensten Maßstäben gebaut. Ich gehe in diesem Buch ausschließlich auf die ferngesteuerten Funktionsmodelle ein, die aus Baukästen der Firmen WEDICO, TAMIYA, robbe und GRAUPNER aufgebaut werden können. WEDICO- und robbe-Modelle sind im Maßstab 1:16, TAMIYA- und GRAUPNER-Modelle im Maßstab 1:14 konzipiert. Was den Truckmodellbau u. a. so beliebt macht, ist, dass sich eigene Gedanken, Vorstellungen und Wünsche realisieren lassen und dadurch nicht jedes Truck-Baukastenmodell dem anderen gleicht. Viele Variationsmöglichkeiten lassen sich verwirklichen, denn auch bei den Vorbildern gibt es Varianten.

Wie wir bereits erfahren haben, war die Firma WEDICO die erste Firma, die sich mit der Herstellung von Truckmodell-Baukästen befasste. Dabei handelt es sich um Ganzmetall-Modelle im Maßstab 1:16. Die Bauteile sind gut vorgearbeitet, mit allen Bohrungen versehen und brauchen kaum nachgearbeitet zu werden. Alle Teile werden miteinander verschraubt, Schrauben und Muttern verschiedener Größen liegen im Baukasten, die Passgenauigkeit ist ausgezeichnet. Die Fahrerhäuser der US-Trucks sind kippbar ausgeführt und bestehen aus Aluminium-Druckguss, Aluminium-Blechen und hochwertigen Kunststoffen. Die Metallteile sind in den entsprechenden Farben pulverlackiert. Ausgestattet sind die Fahrerhäuser mit Lenkrad, Armaturenbrett, Luftfilter, Rückspiegel, Scheibenwischer, Schalensitzen, Türinnenverkleidung, Scheinwerfern, Dachleuchten und Blinkern. Die Türen sind zu öffnen und das Dach mit der Rückwand ist nach oben abnehmbar, um einen besseren Zugang zu der elektrischen Anlage zu haben.

Sämtliche Modelle eignen sich zum Einbau einer Fernsteueranlage. Alle Teile sind aus rostfreiem Aluminium und Edelstahl gefertigt. Es gibt mehrere Einzelbaukästen, aus denen der eigentliche Truck, also die Zugmaschine und Container- sowie Tankauflieger gebaut werden können. Diese Grund- und Systembausätze sind weiter ausbaufähig, so dass das Modell nach und nach, wie es gerade der Geldbeutel erlaubt, aufgebaut und erweitert werden kann.

Durch verschiedene Kombinationsmöglichkeiten lassen sich die Truckmodelle individuell, je nach Geschmack des einzelnen Modellbauers, gestalten. Die Modelle sind nicht nur ausbaufähig, sondern auch wieder zerlegbar, so dass nach einer bestimmten Zeit der Truck umgerüstet werden kann.

Mehrere Variationsmöglichkeiten sind vorgesehen. Da die Aufliegerkupplung bei allen WEDICO-Fahrzeugen gleich ist, lässt sich das Motorfahrzeug entweder mit einem

DER AUFBAU VON RC-TRUCKS

Containerauflieger oder einem Tankauflieger fahren. Lackierarbeiten sind nicht notwendig, da alle Teile bereits werkseitig lackiert sind und z. B. die Fahrerhäuser in verschiedenen Farben geliefert werden. Dekorstreifen zur weiteren Ausgestaltung werden mitgeliefert.

Außer den Systembaukästen hat WEDICO die Komplett-Baukästen geschaffen. In diesen Baukästen liegt bereits das gesamte zum Bau erforderlich Material, der Motor mit Drehzahlsteller und alle elektrischen Bauteile für die Beleuchtungsanlage.

TAMIYA ist seit vielen Jahren die führende Firma von RC-Trucks im Maßstab 1:14. TAMIYA-Truckmodelle sind also etwas größer, passen jedoch gut zu den WEDICO-Modellen, da der Größenunterschied nicht gravierend ist. Die Fahrerhäuser bestehen aus Kunststoff, das Chassis aus einem Alu-Leiterrahmen. Bei diesem verwindungsfreien Leiterrahmen-Chassis werden Aluminium-Seitenträger und Kunststoff-Querträger verwendet, welche eine leichte und stabile Konstruktion ergeben. Alle wichtigen Teile sowie das Fahrerhaus werden auf diesem Chassis montiert. Zum Lackieren der Fahrerhäuser werden die TAMIYA-TS-Spray-Farben empfohlen. Im Programm sind US-Trucks und europäische Modelle.

Ein von TAMIYA entwickeltes 3-Gang-Schaltgetriebe ist bei jedem TAMIYA-Truck serienmäßig im Baukasten enthalten. Das 3-Gang-Schaltgetriebe besteht aus sechs Synchron-Zahnrädern und einer Rutschkupplung, welche von einem Schaltservo betrieben wird. Ruckfreies Schalten wird ohne Leerlauf erreicht und erlaubt dem Fahrer, bei Verwendung einer 4-Kanal-Fernsteuerung, während der Fahrt jeden beliebigen Gang zu wählen. Das Getriebe muss komplett selbst aufgebaut werden und erfordert im Vorfeld eine gründliche Einstellarbeit. Das Schaltservo muss exakt in Nullstellung stehen. Mit einem handelsüblichen Mehrkanalsender kann der Trimmregler diese Nullstellung fein einstellen und die Vorwärtsgänge dann bei Verwendung eines zusätzlichen Servos schalten.

Vorderradaufhängung und Hinterradaufhängung bestehen aus Federstahl-Blattfedern und Spiralfedern. Bei der Kunststoff-Vorderachse werden Kunststoff-Achsschenkel in Verbindung mit Metall-Radachsen verwendet. Die Motorkraft wird durch einen Stahl-Kardanantrieb zu einem Metall-Präzisions-Kegelrad-Differenzial übertragen. US-Trucks sind mit einem 3-Achs-Fahrgestell, die Euro-Trucks mit einem 2-Achs-Fahrgestell ausgerüstet. Als Auflieger können Container-, Tank-, Flachbett- oder Rungen-Teleskop-Auflieger aus entsprechenden Baukästen aufgebaut werden.

Die Firma robbe hat die „Cargo-Serie" im Programm, in der folgende Truckmodelle und Auflieger im Maßstab 1:16 angeboten werden: MAN F2000, SCANIA R144 L, SCANIA R164 L Topline sowie ein kleinerer Lkw, der MAN F2000 Evolution. Ein Muldenauflieger und ein Flachbettauflieger vervollständigen das Programm.

Auf der Nürnberger Spielwarenmesse 2007 wurde ein neues Modell vorgestellt, der MAN-TGA XXL 41.660 8x4/4 mit einem Schwerlast-Tiefbettauflieger. Beide Modellfahrzeuge zusammen erreichen dann eine Länge von 1,8 Metern!

DER AUFBAU VON RC-TRUCKS

Fast alle robbe-, TAMIYA- und WEDICO-Baukästen sind auch bei der Firma CONRAD ELECTRONIC zu bekommen. Außerdem gibt es bei CONRAD ELECTRONIC viele mechanische Komponenten zum Bau von Truckmodellen, dazu Motoren, elektronische Drehzahlsteller und Bausätze für elektronische Schaltungen.

3.1 MAN F2000 Evolution, ein Einsteigermodell

Das Modell MAN F2000 Evolution von robbe (Best.-Nr. 3339) eignet sich besonders gut für den Einstieg in den Truckmodellbau. Dabei handelt es sich um ein vorbildgetreues Modell eines MAN-Kippers mit Nahverkehrs-Fahrerhaus im Maßstab 1:16. Als Fernsteueranlage wird eine einfache 2-Kanal-Anlage mit einem Servo und einem elektronischen Drehzahlsteller rokraft 50 MP (Best.-Nr. 8417) benötigt.

Der Baukasten enthält ein CNC-gefrästes und -gebohrtes Alu-Rahmenchassis, ein einteiliges Fahrerhaus aus Kunststoff-Gussteilen, Anbauteile, Teile für den Fahrerhauseinsatz, Hohlkammerreifen mit Euro-Felgen, Alu-Druckguss-Vorderachse, Hinterachse mit Kegelrad, Differenzial, Kardanwelle, Kleinteile für den RC-Einbau, Stanzteile für den Kipperaufbau und einen Dekorbogen.

Baukasteninhalt

3 DER AUFBAU VON RC-TRUCKS

Chassisrahmen und Vorderachse

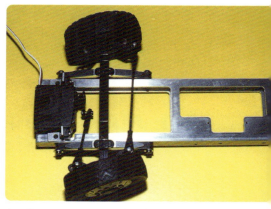

Am Chassis montierte Vorderachse mit Lenkservo

Nicht im Baukasten enthalten ist der Antriebsmotor mit Getriebe und Ritzel, er muss extra bezogen werden (Best.-Nr. 4083), als Fahrakku wird der 5 KR 1400 AE (Best.-Nr. F 1319) empfohlen.

Die sehr ausführliche Bauanleitung zeigt den Aufbau des Modells in einzelnen Baustufen. Während des Baus habe ich jedoch festgestellt, dass es oft besser ist, sich in diesem Fall nicht genau an die Reihenfolge der einzelnen Bau-

Am Chassis montierte Hinterachse mit Differenzialgetriebe

Fahrgestell und RC-Anlage: Empfänger, Drehzahlsteller, Fahrakku und Motor

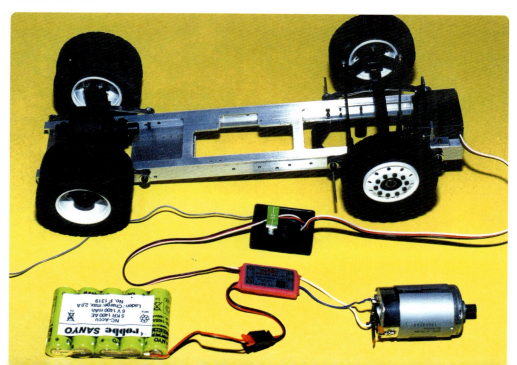

DER AUFBAU VON RC-TRUCKS

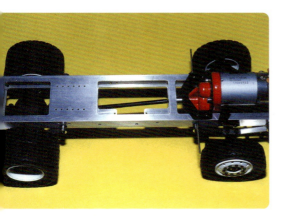
Motor mit Getriebe am Chassis montiert

Blick auf die Unterseite des Fahrgestells mit Reserverad

stufen zu halten. So ist es z. B. wesentlich einfacher, nach Baustufe 1, der Montage der Blattfedern am Rahmenchassis, die Baustufe 4 vorzuziehen. Die Karosseriehalter 4.1, die Gewindestange 4.4 und der Motorhalter 4.5 werden bereits jetzt am Chassis festgeschraubt, denn diese Bauteile sind in diesem Baustadium viel einfacher festzuschrauben als nachher, wenn bereits die Räder montiert sind. Diese müssten dann nämlich für diese Arbeiten noch einmal abgeschraubt werden.

Bei der Montage der Blattfedern ist darauf zu achten, dass es verschiedene Ausführungen gibt. So sind die beiden vorderen Blattfedern 1.2 identisch, während die hinteren 1.3 und 1.4 sich von der Blattfeder 1.2 unterscheiden!

Danach kann mit Baustufe 2 weitergearbeitet werden. Die Vorderachse ist entsprechend den Zeichnungen in der Bauanleitung zusammenzusetzen und am Rahmenchassis zu befestigen. Bereits in diesem Baustadium wird das Lenkservo mit den Lenkgestängen eingebaut.

Es folgt der Zusammenbau des Differenzialgetriebes, Baustufe 3. Hierbei ist genau nach Zeichnung vorzugehen. Das zusammengebaute Getriebe ist in die beiden Halbschalen des Getriebegehäuses einzusetzen und diese dann miteinander zu verschrauben. Der Getriebeblock wird am Rahmenchassis befestigt.

Da die Baustufe 4 vorgezogen wurde, zieht man jetzt die Gummireifen auf die Felgen auf und montiert die fertigen Räder an den Achsen.

Vorderachse mit Motor und Getriebe

3 DER AUFBAU VON RC-TRUCKS

Das fertige Fahrgestell mit Fahrakku

Fahrerhaus mit Sitzbank und Tank

Vor dem Festschrauben des Motors ist noch die Kardanwelle zwischen Motorkupplung und Differenzialgetriebe einzustecken. Damit sind die eigentlichen Arbeiten am Fahrgestell fertig und die Kotflügel, die Rückleuchten, Anbauteile am Chassis und die Stoßstange werden anmontiert.

Fahrerhaus auf Fahrgestell aufgebaut

Es folgt der Zusammenbau des Fahrerhauses. Dabei geht man genau nach Bauanleitung vor. Bevor das fertige Fahrerhaus am Chassis festgeschraubt wird, sind noch der Empfänger und der Drehzahlsteller einzubauen. Den Drehzahlsteller, wie in der Bauanleitung beschrieben, an der rechten Seite des Motorgehäuses mit Klebeband befestigen. Der Empfänger findet vorne über der Stoßstange Platz, er wird ebenfalls mit Klebeband befestigt. Beim Aufsetzen des Fahrerhauses muss man darauf achten, dass das Akkukabel vom Drehzahlsteller nach hinten heraushängt, es wird später mit dem Fahrakku verbunden.

Ansicht von hinten

In Baustufe 12 wird der Aufbau der Mulde beschrieben. Die Frästeile sind aus den Platten herauszutrennen und zu entgraten. Beim Zusammenkleben der einzelnen Verstärkerplatten ist genau nach Bauanleitung vorzugehen. Der Rahmen 12.3 wird auf die Bodenplatte 12.4 geklebt, er muss vorne überstehen. Die Seitenkanten müssen deckungsgleich sein. Bei den Seitenwänden ist darauf zu achten, dass eine rechte und eine linke Seitenwand hergestellt wird.

DER AUFBAU VON RC-TRUCKS 3

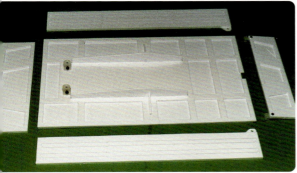 

Anfertigen der Ladefläche   Das fertige Modell MAN F2000

Ladefläche gekippt

Nach Fertigstellung der Mulde wird diese am Scharnier des Alu-Rahmens befestigt, so dass sie von Hand angehoben werden kann. Unter der Mulde findet der Fahrakku seinen Platz, der ebenfalls mit Klebeband am Rahmen befestigt wird.

Zum Fahrverhalten des Modells ist zu sagen, dass sich der MAN F2000 ausgezeichnet fahren und lenken lässt.

Technische Daten MAN F2000
Länge: 385 mm, Breite: 158 mm, Höhe: 187 mm, Radstand: 225 mm
Spurweite: 128 mm, Gewicht: ca. 2200 g

3 DER AUFBAU VON RC-TRUCKS

Baukasteninhalt

3.2 Sattelzugmaschine SCANIA R 164 L

Nach dem MAN F2000 Nahverkehrs-Lkw, der verhältnismäßig einfach aufzubauen ist, soll nun ein Kraftpaket aus Schweden, der SCANIA R164 L (Best.-Nr. 3374), ebenfalls aus dem Hause robbe, beschrieben werden.

Der Baukasten enthält: CNC-gefrästes, schwarz beschichtetes Alu-Rahmenchassis, einteiliges Fahrerhaus aus Kunststoff, Elektromotor, Anbauteile wie Tank, Luftkessel, Trittbretter, Kotflügel, Batteriekasten, Spiegel und Scheibenwischer, Mehrkammerleuchten für Frontscheinwerfer und Rücklichter aus Spritzkunststoff, Polycarbonatscheiben, tief gezogenen Fahrerhauseinsatz, Fahrer- und Beifahrersitz, originalgetreue, funktionstüchtig ausbaubare Sattelkupplung, Hohlkammerreifen auf Euro-Felgen, 4-fach kugelgelagerte Alu-Druckguss-Vorderachse, 6-fach kugelgelagerte Hinterachse, Kleinteile für RC-Einbau, mehrfarbigen Dekorbogen und eine bebilderte Bauanleitung. Bei der Ausführung „SCANIA R164 L Topline" liegt noch ein komplettes Aerodynamikpaket dem Baukasten bei.

Soll das Fahrzeug nur für den reinen Fahrbetrieb ausgelegt werden, genügt eine 2-Kanal-Anlage. Zusätzlich werden noch ein Drehzahlsteller rookie MP und ein 6-Volt-Fahrakku benötigt.

Als Zubehör für den weiteren Ausbau gibt es noch ein Set „Beleuchtung", ein Set „Sound", ein Set „Sattelkupplung" und ein Set „Schaltgetriebe". Dann ist allerdings eine Mehrkanalanlage erforderlich.

DER AUFBAU VON RC-TRUCKS

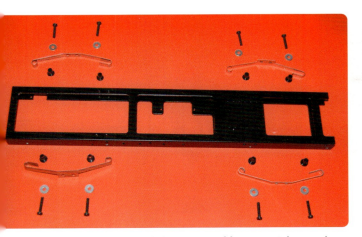

Anbringen der Blattfedern vorne und hinten am Fahrzeugrahmen

Die am Fahrzeugrahmen angebrachte Vorderachse mit Lenkservo und Steuergestängen

Zusammenbau der Teile für die Vorderachse

Zusammenbau des Differenzialgetriebes

Einbau des Differenzialgetriebes in die Hinterachse

Die Bauteile für die einzelnen Baugruppen liegen in Tüten verpackt dem Baukasten bei, so dass man stets nur die Bauteile auspacken sollte, die gerade benötigt werden.

Begonnen wird mit dem Leiterrahmen, an dem die Blattfedern für die Vorder- und Hinterachsen angebaut werden. Zu achten ist auf die unterschiedlichen Blattfedern 1.2 und 1.3/1.4, die an der Hinterachse angeschraubt werden. Die Hinterachse wird zusammen mit den zusätzlichen Blattfedern 2.15 auf die Blattfedern 1.2 geschraubt. Das Lenkservo ist mit den Winkeln zu versehen und wird in Neutralstellung gebracht, der Servohebel ist entsprechend der Zeichnung zu kürzen. Anschließend wird das Lenkservo am Rahmen befestigt, die Lenkgestänge sind einzuhängen und die Räder werden angeschraubt. Beim Aufziehen der Gummireifen

3 DER AUFBAU VON RC-TRUCKS

Einbau des Motors mit Getriebe in den Fahrzeugrahmen

Unterseite des Fahrzeugrahmens. Blick auf das Lenkservo und den Motor mit Kardanwelle

Fahrgestellrahmen mit allen Aufbauten von oben gesehen

Unterseite des Fahrgestellrahmens mit allen Aufbauten

auf die Felgen nicht vergessen, die Reifen wenigstens an einer Stelle mit Sekundenkleber an den Felgen zu fixieren, damit die Reifen später beim Fahren nicht auf den Felgen rutschen.

Das Hinterachs-Differenzialgetriebe wird genau nach der Zeichnung in der Bauanleitung zusammengeschraubt und in das Getriebegehäuse eingebaut. Beim Festschrauben des Ritzels 3.11 auf die Welle 3.9 habe ich festgestellt, dass die Madenschraube etwas zu lang ist: Beim Drehen der Welle stößt sie innen an das Gehäuse und blockiert so das Getriebe. Eine kürzere Madenschraube brachte dann Erfolg und das Differenzialgetriebe arbeitet einwandfrei. Das Differenzial wird dann an den Rahmen geschraubt, nicht vergessen, die beiden zusätzlichen Blattfedern 3.17 und die Distanzstücke 3.18 mit anzuschrauben. Natürlich auch darauf achten, dass die Welle des Differenzials nach vorne, also zur Vorderachse hin zu liegen kommt.

Es folgt der Einbau des Motors. Die Karosseriehalter 4.1 und der Motorhalter 4.6 sind am Fahrgestell anzuschrauben. Das Zahnrad 4.7 ist in das Getriebegehäuse von hinten zusammen mit der Welle und Kupplung von vorne einzuschieben. Das

DER AUFBAU VON RC-TRUCKS

so vorbereitete Getriebegehäuse wird in den Motorhalter eingepasst und gleichzeitig ist die Kardanwelle zwischen Differenzialgetriebe und Motorkupplung einzulegen. Die Kardanwelle liegt zwischen den Querträgern des Fahrzeugrahmens! Von vorne wird jetzt der Getriebegehäusedeckel aufgesetzt und der Motor am Getriebegehäuse angeschraubt.

Anbringen der Stoßstange

Im nächsten Arbeitsgang sollen die hinteren Kotflügel 5.1 angebracht werden. Da diese Kunststoffteile jedoch unlackiert sind, müssen sie zunächst mit schwarzer Farbe versehen werden. Und da wir gerade beim Lackieren sind, kann man auch gleich die Sattelkupplung 6.1, den Batteriekasten 8.9, den Tank 9.2/9.3 und die Seitenblenden 9.20/9.21 mit schwarzer Farbe streichen oder spritzen. Ist dies geschehen und sind die Teile trocken, werden zunächst die Lampenfassungen für die hinteren Kotflügel zusammengesetzt und an den Kotflügeln angeschraubt. Die Montage der Kotflügel am Fahrzeugrahmen ist etwas abenteuerlich. Im Baukasten liegen dafür zwar vier Gewindestangen 5.9 aus Messing bei, die mit dem Rahmen verschraubt werden sollen. Sie stehen dann etwa 35 mm weit aus dem Rahmen heraus. Die Kotflügel 5.1 sollen nun auf diese Gewindestangen aufgeschoben werden, dafür sind auf einer Seite Löcher vorhanden. Da die Gewindestangen jedoch zu kurz sind, ragen sie nicht aus den Bohrungen im Kotflügel heraus, so dass sie nicht mit einer Mutter festgeschraubt werden können. Die Kotflügel liegen daher lose auf den Gewindestangen auf und sollen mit Sekundenkleber fixiert werden. Das ist aber nicht zu empfehlen,

Das fertige Fahrgestell ohne Karosserie

DER AUFBAU VON RC-TRUCKS

denn dadurch kann man sie später, wenn man eine Beleuchtungsanlage nachrüsten möchte, nicht wieder abnehmen. Wer also sowieso eine Beleuchtungsanlage einbauen möchte, sollte das entweder jetzt tun, bevor die Kotflügel festgeklebt werden oder man besorgt sich etwas längere Gewindestangen, so dass die Kotflügel angeschraubt werden können.

Sattelkupplung, Batteriekasten, Tank und Reserverad werden am Fahrzeugrahmen angebracht. Soll die Sattelkupplung über die Fernsteuerung ausgelöst werden, ist nun das entsprechende Servo im Fahrzeugrahmen einzubauen. Die Winkel 8.4 und die Platte 8.1 werden angeschraubt. Beim Anschrauben der Winkel an den Karosseriehalter 4.1 ist darauf zu achten, dass der kürzere Teil am Karosseriehalter angeschraubt wird, das ist aus der Zeichnung in der Anleitung nicht gut ersichtlich.

An die Stoßstange 8.11 sind die beiden Seitenteile 8.12 und 8.13 anzukleben. Die so fertig gestellte Stoßstange ist jetzt zusammen mit der Karosserie zu lackieren, die Farbe bleibt natürlich jedem Erbauer selbst überlassen. Nach dem Trocknen der Farbe werden die Scheinwerfer in die Stoßstange eingesetzt, anschließend kann man die Stoßstange am Fahrzeugrahmen anschrauben.

Ansicht des fertigen Modells

Im Inneren der Karosserie werden die Karosseriehalterungen 9.6 (vorne) und 2 x 9.9 (hinten) eingeklebt. Genau auf die angegebenen Maße achten! Zuvor sind die Einpressmuttern in diese Bauteile einzupressen. Die Seitenblenden 9.20 und 9.21 werden befestigt, Scheibeneinsatz und Cockpiteinsatz sind in der Karosserie zu montieren.

Beim Einbau der RC-Anlage bin ich einen etwas anderen Weg gegangen, als in der Bauanleitung beschrieben. Der Fahrakku und der Drehzahlsteller werden im Inneren der Karosserie an der Rückwand mit Klettband befestigt, so dass alle Leitungen nach unten herausragen. Der Empfänger findet im Inneren des Tanks seinen Platz. Diese Einbauweise hat sich sehr gut bewährt. Durch Zusammenstecken der Buchse vom Fahrakku mit dem Stecker des Drehzahlstellers wird die Anlage eingeschaltet.

DER AUFBAU VON RC-TRUCKS

Nachdem die Karosserie am Fahrgestell festgeschraubt ist, werden noch die Seitenspiegel, Türgriffe und alle Kleinteile angebracht. Damit ist die SCANIA-Zugmaschine fertig und einer Funktionskontrolle steht nichts mehr im Wege.

Technische Daten SCANIA R 164 L
Länge: 370 mm, Breite: 190 mm, Höhe: 205 mm, Gewicht: 2000 g
Radstand: 225 mm, Spurweite vorn: 128 mm, Spurweite hinten: 116 mm

3.3 Flachbett- oder Containerauflieger

Eine Zugmaschine muss natürlich etwas zum Ziehen haben. Nachfolgend wird daher der Bau eines Flachbettaufliegers von robbe (Best.-Nr. 3341) beschrieben, der zu einem Containerauflieger umgebaut werden kann. Das Ausbauset ist unter der Best.-Nr. 3341.2000 bei robbe zu bekommen. Wir beginnen mit dem Aufbau des Flachbettaufliegers.

Der Montagesatz beinhaltet: CNC-gefrästes Alu-Rahmenchassis mit Alu-Anbauteilen, Dreiachs-Fahrgestell mit Lkw-Breitreifen und Felgen, spezielle Profile zur Verbindung der Anbauteile, Ersatzrad, 4-Kammer-Rückleuchten, Schmutzfänger, Kunststoff-Plattform mit Doppel-L-Profilen und Stirnwand, Ladefläche und Stirnwandverkleidung aus 6 mm starkem Holz.

Baukasteninhalt des Flachbettaufliegers

3 DER AUFBAU VON RC-TRUCKS

Die Bauteile sind in Klarsichtbeuteln nach Baustufen verpackt, so dass man stets nur die Teile auspackt, die gerade benötigt werden. Begonnen wird mit dem Zurechtlegen der Blattfedern und Blattfederhalterungen, die entsprechend der Bauanleitung vormontiert werden. Anschließend werden die Blattfederhalterungen auf dem Rahmenchassis festgeschraubt.

Die Gummireifen werden auf die Felgen aufgezogen und die fertigen Reifen zu beiden Seiten der Achsen angebracht. Anschließend sind die Achsen auf den Blattfederhalterungen festzuschrauben und die Rückleuchten anzubringen.

Die Profilleisten 4.1 sind zu beiden Seiten der Bodenplatte mit Sekundenkleber anzukleben, die Distanzstreifen 4.7 klebt man auf die Bodenplatte. Soll der Flachbettauflieger aufgebaut werden, ist genau nach Baustufe 4 zu verfahren. Wer jedoch gleich den Kastenauflieger aufbauen möchte, geht nach der Bauanleitung des Ausbausets auf Seite 6 vor. In beiden Fällen wird die Holzbodenplatte 4.12 eingebaut. Die Vorderwand des Kastens wird aus den Teilen 4.1 B bis 4.3 B hergestellt. Die Holz-

Montage der Blattfedern am Fahrgestellrahmen

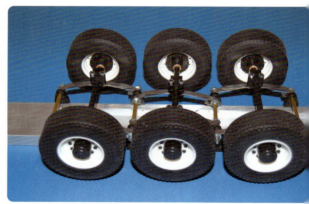
Anbringen der Räder mit Achsen auf den Blattfedern

Anbringen der hinteren Stoßstange mit dem Reserverad

Die Holzbodenplatte und die Stirnwand des Flachbettaufliegers werden in den Kunststoffrahmen eingeklebt

DER AUFBAU VON RC-TRUCKS

Das Fahrgestell wird an der Bodenplatte befestigt

Zugmaschine mit Containerauflieger

Rückseite des fertigen Containerauflieger mit zu öffnenden Türen

stirnwand 4.11 wird für den Containerauflieger nicht benötigt, ich habe sie jedoch hochkant zur Versteifung der Stirnwand eingeklebt. Die Seitenteile 7.1 können jetzt eingesetzt und mit der Bodenplatte verklebt werden.

Am hinteren Teil des Containerauflieger befinden sich die Ladetüren 7.13. An diese und an die Seitenteile werden die Scharniere angeschraubt. Die Kopfblende 7.7 und Heckblend 7.8 werden angeklebt. Am Dach 7.6 sind die Doppelprofilleisten anzubringen und danach kann das Dach auf den Kasten aufgesetzt werden. Das Dach muss nicht unbedingt angeklebt

3 DER AUFBAU VON RC-TRUCKS

werden, denn es hält auch so ganz fest auf dem Containerauflieger. So kann man es später evtl. wieder abnehmen, um z. B. etwas in den Auflieger einzubauen.

Abschließend erfolgt der Aufbau des Fahrgestells unter dem Bodenblech, egal, ob man die Flachbett- oder Containerauflieger-Version gebaut hat. Der Auflieger wird in die Aufliegerkupplung der Zugmaschine eingeschoben und schon kann die Fahrt losgehen.

Technische Daten des Aufliegers

Länge: 800 mm, Breite: 160 mm, Höhe: 225 mm
Länge mit Zugmaschine: 996 mm

3.4 Tractor-Truck KNIGHT HAULER

Die riesigen Trucks, die man auf den Highways der USA oder in den endlosen Weiten Australiens sehen kann, lassen sich als elektrisch angetriebene Modelle aus einer Serie der Fa. TAMIYA nachbauen. Dank der vielen detaillierten Aufbauten vermitteln diese Modelle einen unglaublich vorbildgetreuen Eindruck.

Baukasteninhalt

DER AUFBAU VON RC-TRUCKS

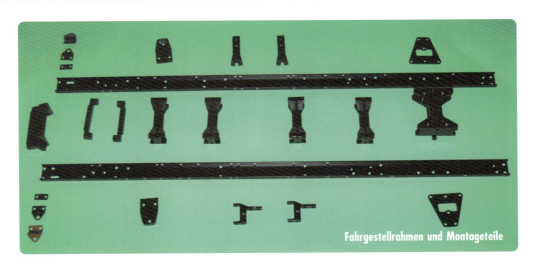

Fahrgestellrahmen und Montageteile

Ein Modell aus dieser Serie ist der Tractor Truck KNIGHT HAULER (Best.-Nr. 56313). Die Zugmaschine KNIGHT HAULER ist im Maßstab 1:14 konzipiert und auf einem 3-Achs-Fahrgestell aufgebaut. Wie alle TAMIYA-Truckmodelle ist der KNIGHT HAULER mit einem 3-Gang-Schaltgetriebe ausgerüstet und wird daher mit einer 3- bzw. 4-Kanal-Fernsteueranlage gefahren. Zur Steuerung werden ein Lenk- und ein Schaltservo benötigt, zusätzlich müssen noch ein elektronischer Drehzahlsteller und der Fahrakku (7,2 Volt) angeschafft werden.

Im Bausatz befindet sich das gesamte zum Bau des Trucks erforderliche Material inkl. Motor, allen Kleinteilen, Schrauben, Muttern, Dekorbogen sowie eine sehr ausführliche, bebilderte Bauanleitung. Die tragenden Teile wie Rahmen, Blattfedern und Stoßdämpfer sind aus Metall gefertigt. Anbauteile wie Tank, Werkzeugkästen, Schmutzfänger und Felgen sind verchromt, die Karosserie besteht aus schlagfestem Kunststoff. Ebenso liegen Bauteile bei, um später eine Beleuchtungsanlage und einen Geräuschgenerator einbauen zu können, das entsprechende Geräusch- bzw. Beleuchtungs-Set ist separat erhältlich.

Nachdem alle Bauteile ausgepackt und die Bauanleitung genau studiert ist, werden zunächst die Kleinteile wie Schrauben und Muttern in kleinen Kästchen griffbereit auf dem Arbeitstisch ausgelegt. Damit man die Teile entsprechend den Angaben in der Bauanleitung unterscheiden kann, sind die Kästchen mit den vom Hersteller benannten Bezeichnungen „BA" bis „BF" kenntlich zu machen. Es empfiehlt sich, die in der Bauanleitung angegebene Reihenfolge der auszuführenden Arbeiten einzuhalten.

Begonnen wird mit dem Vorbereiten der beiden Servos nach Baustufen 1 und 2. Wichtig ist, dass die beiden Servos zuvor in die Neutralstellung gebracht werden. Der Zusammenbau des Fahrgestellrahmens erfolgt in Baustufe 3. Hier muss bereits zwischen dem linken und rechten Längsträger unterschieden werden, da die Bohrungen in beiden Trägern unterschiedlich sind. Damit man den richtigen Längsträger erkennt, sind diese mit „L" für links und und „R" für rechts vom Hersteller her kennt-

3 DER AUFBAU VON RC-TRUCKS

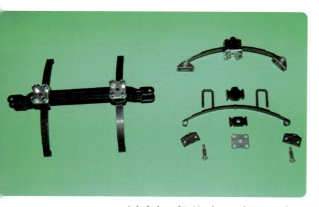

Achsfedern für Vorder- und Hinterachsen

Zusammenbau der Federstoßdämpfer

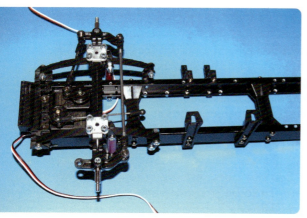

Vorderachse mit Lenkservo, daneben das Schaltservo

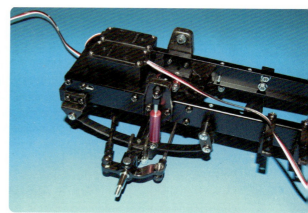

Anbringen der Stoßdämpfer an der Vorderachse

Zusammenbau der Differenzialgetriebe

Einbau der Differenziale in die beiden Gehäuse

lich gemacht. Das Endstück C4, die beiden Servos, die vier Querträger F1, die hintere Aufhängungsplatte C1-C2 sowie die beiden Dämpferstreben BS6 werden zuerst am linken Längsträger angeschraubt. Erst wenn alle Teile festgeschraubt sind, wird der rechte Längsträger dagegen geschraubt. Das ist wichtig, da sich sonst die Quer-

DER AUFBAU VON RC-TRUCKS

 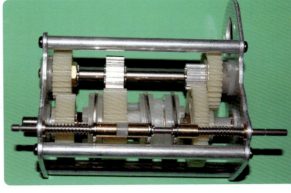

Zusammenbau des Schaltgetriebes   Das fertig montierte Schaltgetriebe

träger nicht einpassen lassen. Danach werden alle weiteren Winkel und Platten an den Fahrgestellrahmen angeschraubt, die Stoßdämpfer zusammengebaut und mit dem Schalt- und Lenkgestänge am Chassisrahmen angebracht (Baustufen 4 und 5).

In Baustufe 6 wird der Zusammenbau der Vorderachse und in den Baustufen 7 und 8 deren Einbau am Fahrgestellrahmen beschrieben. Die Zeichnungen in der Bauanleitung sind genau zu beachten. Ebenso ist beim Zusammenbau und Einbau der Hinterachsfedern (Baustufen 9 und 10) zu verfahren. Beim Zurechtlegen der Bauteile für die beiden Achsschenkel E8 und E9 wird man versucht sein, den vierten Kugelkopf BD3 zu suchen, doch wie die Zeichnungen zeigen, sind nur drei vorgesehen, da der Achsschenkel E9 im Gegensatz zum Achsschenkel E8 nur einen Kugelkopf erhält. Warum das so ist, zeigt die Abbildung 8.

Der Zusammenbau der Differenzialgetriebe (Baustufen 11, 12 und 13) erfordert große Aufmerksamkeit. Es erleichtert die Arbeit, wenn man die entsprechenden Teile, Zahnräder und Achsen zurechtlegt und der Zusammenbau Stück für Stück nach Bauanleitung erfolgt. Nicht vergessen, die Zahnräder vor dem Zusammenbau einzufetten. Beim Eindrücken der E-Ringe BE6 aufpassen, denn sie springen leicht weg. Sind die Differenzialgetriebe zusammengebaut, erfolgt deren Einbau in die Differenzialgehäuse. Und dabei muss man wieder aufpassen, denn es gibt zwei Halbschalen A1, aber jeweils nur eine Halbschale A2 und A3! Zunächst wird ein Getriebe in die Teile A1 und A3 eingebaut. Zu erkennen ist dieses Getriebe an den beidseitig austretenden Wellen BH2. Das zweite Getriebe wird in die Teile A1 und A2 eingebaut. Bei diesem Getriebe tritt nur an einer Seite die Welle BH2 aus. Die Halbschale des Getriebegehäuses A2 ist daran zu erkennen, dass sie an einer Seite keine Austrittsöffnung hat und geschlossen ist. Außerdem befinden sich an der Unterseite zwei kleine Stutzen. Abbildung 14 zeigt den Einbau der beiden Differenzialgetriebe in das Fahrgestell zusammen mit der Hinterachse. Darauf achten, dass ganz hinten das Getriebe mit nur einer Antriebswelle zu liegen kommt. Beide Getriebe werden mit der kurzen Antriebswelle miteinander verbunden. Diese Welle ist vor dem weiteren Anbau der Stoßdämpfer einzusetzen. Danach werden die Trittplatten fertiggestellt und am Chas-

3 DER AUFBAU VON RC-TRUCKS

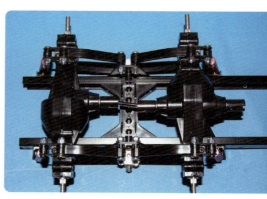

Die beiden zusammengebauten Differenziale und das Schaltgetriebe

Einbau der Differenziale in die beiden Hinterachsen

sisrahmen befestigt. Vorsicht, die Befestigungslöcher am Chassis zwischen der rechten und linken Trittplatte sind nicht gleich. Genau die Zeichnung ansehen! Nachdem die Trittplatten angeschraubt sind, werden die Werkzeugkästen und die Kraftstofftanks entsprechend der Zeichnung zusammengeschraubt und am Fahrgestellrahmen angebracht.

Für die Montage des Schaltgetriebes, Baustufen 20 bis 25 muss man sich Zeit nehmen und die Zeichnungen in der Bauanleitung vorher genau studieren. Zunächst werden die Teile für das Schaltgestänge zurechtgelegt. Die drei Schaltgabeln sind entsprechend der Zeichnung auf die Schaltstange aufzuziehen. Es folgt der Zusammenbau der Getriebewelle „A", was noch recht einfach geht. Etwas komplizierter wird es beim Zusammenbau der Getriebewelle „B" mit all den Zahnrädern, vor allem deswegen, weil die Zeichnungen die Welle einmal von links und im unteren Bild von rechts zeigen. Für einen Ungeübten ist dies recht verwirrend. Also lieber etwas länger hinsehen, bevor die E-Ringe in die Welle gedrückt werden. Um ganz sicher zu gehen, die angegebene Zähnezahl bei den Zahnrädern nachzählen, dann kann nichts schief gehen. Sind beide Getriebewellen und die Schaltstange fertig, wer-

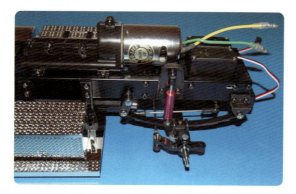

Einbau des Motors mit dem Schaltgetriebe in den Fahrzeugrahmen

Montage der Stoßdämpfer an den Hinterachsen

DER AUFBAU VON RC-TRUCKS

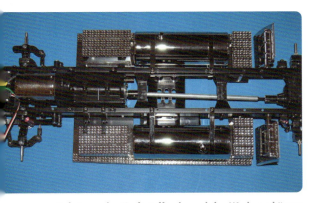

Anbringen der Kraftstofftanks und der Werkzeugkästen am Fahrgestellrahmen

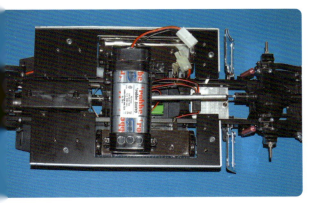

Einlegen des Fahrakkus in die Halterung auf der Unterseite

den alle drei Einheiten in den Getriebedeckel BM16 eingesetzt. Vor dem endgültigen Zusammenschrauben sind die Schaltgabeln in die dafür vorgesehenen Rillen auf Welle „B" einzuklinken. Auf der gegenüberliegenden Seite wird der Getriebedeckel BM9 auf den Plattenhalterungen BM13 angeschraubt. Damit ist das Schaltgetriebe fertig und der Elektromotor kann montiert werden. Nachdem alle Zahnräder eingefettet wurden, wird das Getriebe in das Getriebegehäuse B1/B2 eingebaut. Es folgt der Einbau des Schaltgetriebes in den Fahrzeugrahmen. Das Schaltgestänge wird mit dem Servohebel des Schaltservos verbunden. Die richtige Einstellung wird später im Betrieb mit der Fernsteueranlage vorgenommen. Vor dem Festschrauben ist die Kardanwelle zwischen Schaltgetriebe und den Differenzialgetrieben einzusetzen. Damit befinden sich die wichtigsten Fahrkomponenten am Fahrzeugrahmen.

Der Batteriehalter wird zusammengebaut und auf der Unterseite des Chassis befestigt. Die Schutzbleche D2 und D4 sind anzubauen. An der RC-Grundplatte werden die Befestigungswinkel B1 angeschraubt und die RC-Anlage, sprich Empfänger und elektronischer Drehzahlsteller, sind mittels Doppelklebeband darauf zu befestigen. Die Schalterplatte P5 wird angebracht. Jetzt sind nur noch die rückwärtigen Schmutzfänger, die Rücklichter und der Auflieger mit dem Koppelschalter zusammenzubauen und auf das Fahrgestell zu montieren, siehe dazu die Bauabschnitte 33 bis 36. Damit ist der Fahrgestellrahmen komplett und eine erste Funktionskontrolle kann durchgeführt werden. Dazu sind die Kabelverbindungen zwischen Servos und Empfänger bzw. Motor und Drehzahlsteller herzustellen und der geladene Fahrakku (7,2 Volt) in den Halter auf der Unterseite des Chassis einzulegen. Sender und Empfänger werden eingeschaltet. Da ich eine robbe-4-Kanalanlage vom Typ T4EXA FM verwende, habe ich die Kanäle wie folgt belegt: An Kanal 1 wird das Lenkservo angeschlossen, an Kanal 2 das Schaltservo und an Kanal 3 der Drehzahlsteller. Der 2. Gang, also der normale Fahrgang ist eingelegt, wenn das Schaltservo in Neutralstellung steht, der 1. Gang ist eingelegt, wenn der Senderhebel nach oben und der 3. Gang ist eingelegt, wenn der Senderhebel nach unten gekippt ist. Bei Verwendung einer anderen Anlage kann das Schaltgetriebe auch entsprechend der Zeichnung 32 in der Bauanleitung belegt werden: 1. Gang Hebel nach rechts, 2. Gang Hebel in Neutralstellung, 3. Gang Hebel nach links.

DER AUFBAU VON RC-TRUCKS

Beim Zusammenbau der Räder ist zu beachten, dass es zwei Vorderräder und vier Sätze Zwillings-Hinterräder gibt. Nach dem Aufziehen der Gummireifen auf die Felgen ist wenigstens an einer Stelle der Gummireifen an der Felge mit Sekundenkleber festzukleben, damit die Reifen später nicht rutschen können. Die Räder werden an der Vorder- und den beiden Hinterachsen befestigt.

Der fertige Fahrgestellrahmen mit der RC-Anlage

Vor dem Anbringen der Einzelteile an der Karosserie ist diese zu lackieren oder in der Lieferfarbe Weiß zu belassen. Da ich ein Freund der individuellen Gestaltung von Modellen bin, damit nicht ein Baukastenmodell dem anderen gleicht, habe ich den KNIGHT HAULER zu einem Truck der Vereinten Nationen gemacht. Die Grundfarbe bleibt also Weiß, dazu kommen schwarze „UN"-Aufklebebuchstaben und das Rote Kreuz soll auf einen Truck mit humanitären Hilfslieferungen hinweisen. Aber die Ausgestaltung eines Modells ist natürlich Geschmacksache und bleibt jedem Modellbauer selbst überlassen.

Kühlergrill, Frontscheibe, Fenster, Scheinwerfer und Seitenspiegel werden nun angebracht. Die Löcher in der Rückwand sind für Schalter gedacht, falls später eine Beleuchtungsanlage eingebaut werden soll. Sie sind zunächst durch einen Blindeinsatz zu verschließen. Die beiden Auspuff-Abdeckungen und die Dachblende werden angebracht, das Armaturenbrett wird eingebaut. Nach dem Einbau der Fenster in den Dachspoiler ist dieser auf der Karosserie aufzuschrauben. Danach können auch zu beiden Seiten die Seitenspoiler angebracht werden. Der Aufbau der fertigen Karosserie auf das Fahrgestell wird mit vier Schrauben erledigt. Jetzt erfolgt die Einstellung des Schaltgetriebes. Der Truck wird auf die Seite gelegt, so dass man Zugang zum Schaltservo und dem Gestänge zum Schaltgetriebe hat. Etwas unterlegen, damit sich

Die Unterseite des fertigen Fahrgestells

DER AUFBAU VON RC-TRUCKS

Blick auf den vorderen Teil des Fahrgestells

Hinterachsen mit Aufliegerkupplung

die Räder frei drehen können. Bei eingeschalteter RC-Anlage und langsam laufendem Motor nun die drei Schaltstellungen überprüfen. Die Gänge müssen beim Umschalten hörbar einrasten, tun sie das nicht, ist das Kupplungsgestänge zu verkürzen oder zu verlängern. Eine Feineinstellung kann noch durch Verschieben nach oben oder unten mit dem Teil E6 auf dem Servohebel vorgenommen werden. Lassen Sie sich Zeit bei dieser Einstellung, denn davon hängt das richtige Funktionieren des Schaltgetriebes ab! Das Fahren mit einem Dreigang-Schaltgetriebe ist anfänglich etwas gewöhnungsbedürftig.

Technische Daten KNIGHT HAULER
Länge: 620 mm, Breite: 190 mm, Höhe: 300 mm

Vorderansicht des Trucks

Ansicht von hinten

3 DER AUFBAU VON RC-TRUCKS

Baukasteninhalt

3.5 Mercedes Benz 1838 LS mit Tankauflieger

Auch der Mercedes Benz 1838 LS stammt von TAMIYA. Der Baukasten (Best.-Nr. 56305) enthält alle zum Aufbau erforderlichen Teile, nach Baugruppen sortiert. Beim Aufbau muss man sich auch hier genau an die in der Bauanleitung angegebene Reihenfolge halten, da es sonst leicht passieren kann, dass man eine aus mehreren Teilen zusammengesetzte Baugruppe wieder demontieren muss, wenn man voreilig eine andere Baugruppe vorgezogen hat.

Auch bei diesem Modell wird die Fernsteueranlage gleich bei Baubeginn benötigt, da mit dem Einbau von Lenk- bzw. Schaltservos in das Chassis begonnen wird. Benötigt wird eine 4-Kanalanlage mit zwei Servos und einem elektronischen Drehzahlsteller. Der Empfänger sollte für den BEC-Betrieb geeignet sein, da für eine extra Empfängerstromversorgung kein Platz vorhanden ist.

Vor dem Beginn der Arbeiten empfehle ich, alle nach Buchstaben geordneten Schrauben- und Kleinteile-Packungen übersichtlich auf dem Arbeitstisch auszubreiten, damit man ständigen Zugriff zu den Teilen hat, so wie ich es bereits beim Bau der anderen Modelle vorgeschlagen habe. Begonnen wird mit dem Zusammenbau des aus zwei Metallschienen bestehenden Chassisrahmens und dem Einbau des Lenk- und Schaltgetriebes in den Chassisrahmen.

Es geht weiter mit der Montage der Achsschenkel, der Vorderachse, der vorderen Federn und Dämpfer sowie des Lenkgestänges. Danach erfolgt der Zusammenbau

DER AUFBAU VON RC-TRUCKS 3

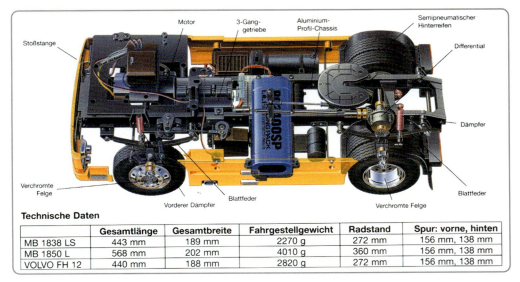

Technische Daten

	Gesamtlänge	Gesamtbreite	Fahrgestellgewicht	Radstand	Spur: vorne, hinten
MB 1838 LS	443 mm	189 mm	2270 g	272 mm	156 mm, 138 mm
MB 1850 L	568 mm	202 mm	4010 g	360 mm	156 mm, 138 mm
VOLVO FH 12	440 mm	188 mm	2820 g	272 mm	156 mm, 138 mm

Fahrzeugtechnik (Foto: TAMIYA)

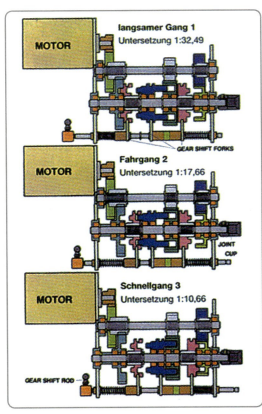

Die drei Schaltstellungen des Schaltgetriebes
(Foto: TAMIYA)

Schaltgetriebe mit Motor

des Differenzialgetriebes und dessen Einbau zusammen mit den hinteren Federn und Dämpfern in das Chassis. Dabei muss man sich genau an die Zeichnung in der Bauanleitung halten, um die einzelnen Zahnräder in der richtigen Reihenfolge zusammenzubauen. Die angegebenen Schmierstellen sind mit Fett einzufetten. Vorsicht beim Einbau der Hinterachse in das Getriebe! Es sind mehrere E-Ringe auf die Achse zu drücken, die leicht wegspringen.

3 DER AUFBAU VON RC-TRUCKS

Einbau des Schaltgetriebes in den Fahrgestellrahmen über der Vorderachse

Das fertige Chassis noch ohne Räder

Nun erfolgt der Zusammenbau des Dreigang-Schaltgetriebes. Hierbei sollte man sich viel Zeit nehmen und genau die Bauanleitung ansehen, denn hier greifen mehrere Zahnräder ineinander. Ganz genau ist auf den richtigen Zusammenbau der Schaltstange zu achten, da von ihr das richtige Funktionieren des Schaltgetriebes abhängt. Hat man das geschafft, wird der Elektromotor, ein 500er-Mabuchi, an das Getriebe angeflanscht. Der Motor liegt dem Bausatz bei und ist bereits innerhalb des Gehäuses entstört. Anschließend wird das Getriebe in das Getriebegehäuse aus Kunststoff eingebaut und auf dem Chassis aufgebaut. Vor dem Anschrauben ist die Antriebskardanwelle zwischen Schaltgetriebe und Differenzialgetriebe einzusetzen! Das ist sehr wichtig, denn wenn das Getriebe erst einmal auf dem Chassis fest angeschraubt ist, lässt sich die Welle nicht mehr einschieben.

Teile des Beleuchtungssets

DER AUFBAU VON RC-TRUCKS

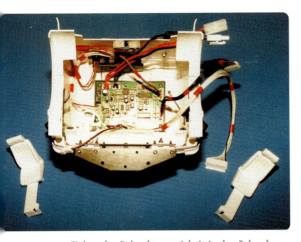

Einbau der Beleuchtungseinheit in das Fahrerhaus. Die Sitze müssen dafür ausgebaut werden

Es folgt der Zusammenbau der Sattelkupplung, der Einbau des elektronischen Drehzahlstellers und der Halterung für den Fahrakku. Alle drei Komponenten werden auf dem Chassis befestigt. Zur Auswahl des elektronischen Drehzahlstellers wäre zu sagen, dass er natürlich für Vorwärts- und Rückwärtsfahrt geeignet sein muss.

Weiter geht es mit dem Anbringen der hinteren Rückleuchten, der hinteren Kotflügel und der Bodenplatte, auf der der Empfänger mittels Klebeband befestigt wird. Nach der Montage der Räder ist das Chassis fahrbereit und einem Fahrtest, zunächst noch ohne Karosserie, steht nichts mehr im Wege.

Zunächst überprüft man, ob die Lenkung einwandfrei arbeitet und die Räder in die richtige Fahrtrichtung ausschlagen. Dann ist der elektronische Drehzahlsteller einzustellen und zu prüfen, ob das Fahrgestell auch nach vorwärts fährt, wenn Vorwärtskommando gegeben wird. Ist das nicht der Fall, muss der Motor umgepolt werden. Die letzte Überprüfung gilt dem Dreigang-Schaltgetriebe. Hierbei verfahren Sie so, wie im vorangegangenen Kapitel zum KNIGHT HAULER beschrieben.

Nun erfolgt der Aufbau des Fahrerhauses. Auch hierbei gilt die Regel, genau in der angegebenen Reihenfolge vorzugehen. Die Fahrerhausteile bestehen aus schlagfestem ABS-Kunststoff. Das Fahrerhaus wird mit einem Scharniergelenk am Chassis befestigt und ist so gelagert, dass es nach vorne gekippt werden kann. Im Inneren sorgt eine Halterung für eine Begrenzung. Nach dem Aufkleben der Dekors ist der Motorwagen fertig.

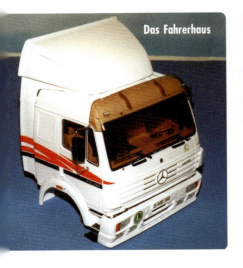

Das Fahrerhaus

Die fertige Zugmaschine

DER AUFBAU VON RC-TRUCKS

Nun steht man vor der Entscheidung, ob man noch eine elektrische Beleuchtungsanlage in den Sattelschlepper einbauen soll. Dazu gibt es von TAMIYA extra ein elektrisches Beleuchtungsset, das für alle Truckmodelle gleich ist. Es enthält alle Glühlämpchen, Schalter, Anschlussplatten und die Schaltelektronik. Für diejenigen, die sich entschlossen haben, ihren Sattelschlepper mit einer Beleuchtungsanlage auszurüsten, hier ein Tipp: Da es nicht ganz einfach ist, sich nach dem Auspacken der Teile sofort zurechtzufinden, da die einzelnen Lämpchen an mehrfarbigen Schaltdrähten hängen und man nicht weiß, ob es sich um Lämpchen für die Dachleuchten oder die Bremsleuchten handelt, schlage ich Folgendes vor:

Legen Sie alle Lämpchen, Anschlussplatten, die Schalterleiste und die Elektronikplatte vor sich auf dem Arbeitstisch aus und verbinden Sie nach dem Schaltplan alle Lämpchen entsprechend den Farben mit den Anschlussplatten. Danach wird der Akku angeschlossen und der Reihe nach werden die Schalter eingeschaltet. Auf diese Weise kann man sich vor dem Einbau der Teile in den Motorwagen mit der elektrischen Anlage vertraut machen und man lernt, zwischen den einzelnen Lämpchen zu unterscheiden. Funktioniert alles, kann mit dem Einbau begonnen werden. Zuvor sind noch einige Löcher in die Fahrerkabine zu bohren. Alle Anschlussleisten sind mittels Klebeband an den entsprechenden Stellen am Chassis zu befestigen, die Verdrahtung erfolgt auf der Chassisinnenseite.

Auf etwas möchte ich noch hinweisen. Die Einbauanleitung der elektrischen Anlage ist für den Truck KING HAULER ausgelegt und so entsprechen die Zeichnungen nicht immer dem Mercedes-Benz-Sattelschlepper. Da kann es leicht zu Fehlanschlüssen kommen. Z. B. liegen dem Elektrik-Set fünf Dachleuchten bei und es gibt auf der Schalterseite einen Schalter für diese Dachleuchten. Der Mercedes-Benz-Sattelschlepper hat jedoch keine Dachleuchten, dafür lassen sich vier Lämpchen als Nebelscheinwerfer im vorderen Stoßfänger einbauen. Weiter gibt es vier Scheinwerfer mit zwei Anschlusssteckern. Der Truck hat vier Scheinwerfer, der Mercedes jedoch nicht, hier wird der zweite Anschluss also nicht benötigt.

Ein weiteres Problem gibt es beim Einbau der Elektronikplatte, denn der Truck KING HAULER hat ein wesentlich größeres und völlig anders gestaltetes Fahrerhaus, weshalb die Einbauzeichnung nicht für den Mercedes-Benz-Sattelschlepper gilt. Um die Platte in dieses Modell einbauen zu können, müssen die beiden Sitze ausgebaut werden, die Platte habe ich an der inneren Karosseriedecke angebracht.

Wer sich von vornherein dazu entschließt, eine Beleuchtungsanlage in sein Modell einzubauen, kann sich viel Arbeit

Blick auf die Unterseite der Zugmaschine

DER AUFBAU VON RC-TRUCKS

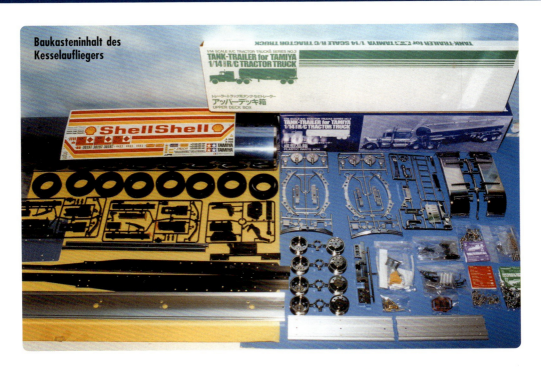

Baukasteninhalt des Kesselaufliegers

ersparen, wenn er bereits während des Zusammenbaus auf den Einbau der Sitze verzichtet und vor der Montage des vorderen Stoßfängers und der hinteren Kotflügelhalterung die Lampen einsetzt, da diese Baueinheiten sonst wieder demontiert werden müssen.

Der Mercedes-Benz-Sattelschlepper sollte natürlich auch einen Auflieger bekommen. Ich entschloss mich für einen Tankauflieger (Best.-Nr. 56303). Auch beim Aufbau des Tankaufliegers gilt, was ich bereits beim Sattelschlepper sagte: Genau an die in der Bauanleitung angegebene Reihenfolge halten, dann kann nichts schief gehen.

Man beginnt mit dem Bau des Tankuntergestells, das aus zwei Metallschienen, zwei Tankhalterungen aus Aluminium und einer Metallplatte besteht. Nachdem der Rahmen zusammengebaut ist, werden die beiden Standfüße und die Absattelvorrichtung zusammengebaut und auf dem Rahmen befestigt. Die Absattelvorrichtung ist so konstruiert, dass beim Einklinken der Sattelkupplung des Motorwagens die Standfüße automatisch eingezogen werden.

Es folgen der Einbau der Röhren in den Rahmen und der Zusammenbau des hinteren Stoßfängers. Nach dem Anbringen der Kotflügel und der Montage der beiden Radachsen werden die Federn und Dämpfer am Rahmen angebracht. Nun sind noch die Reifen auf die Felgen aufzuziehen und die Räder an den Achsen zu befestigen. Damit ist das Fahrgestell fertig und es geht weiter mit dem Aufbau des Metalltanks auf den Rahmen. Dazu ist nicht viel zu sagen, denn auf den Abbildungen der Bauanleitung ist der Aufbau gut dokumentiert. Es ist jedoch darauf zu achten, dass die

3 DER AUFBAU VON RC-TRUCKS

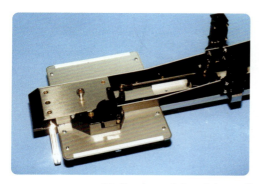

Die Kupplung wird am Fahrgestell angebracht

Die Hinterachsen mit den Federstoßdämpfern und Kotflügeln

Montage des Kessels auf den Unterbau und der oberen Brücke auf der Oberseite des Kessels, bei abgenommener Kesselvorder- und -rückwand erfolgen muss, da man mit der Hand in das Kesselinnere fassen muss, um dort die Befestigungsmuttern auf die Schraubengewinde schrauben zu können.

Hat man den Motorwagen mit einer elektrischen Beleuchtung ausgestattet, so ist dies auch beim Tankauflieger möglich. Für ihn gibt es ebenfalls ein separates Beleuchtungs-Set zum Nachrüsten. Der Nachrüstsatz besteht aus einem Stecker, dem Kabel und den daran befestigten Brems- und Blinkleuchten. Wichtig ist dabei, dass, nachdem der Kessel auf dem Rahmen befestigt ist, das Kabel mit den Glühbirnen zunächst durch das Loch in der Vorderwand des Kessels geschoben wird. Am hinteren Teil des Kessels befindet sich an der Unterseite eine Öffnung, durch die die Lampen nach unten herausgezogen werden, um sie am Stoßfänger anbringen zu können.

Zum Schluss werden die Beschriftungen und Dekors am Kessel, am Rahmen und am Fahrgestell angebracht. Nun steht der Tank-Auflieger fertig mit herausgezogenen Stand-

Das Fahrgestell des Kesselaufliegers

Die Rückwand des Kesselaufliegers

DER AUFBAU VON RC-TRUCKS 3

Der fertige Kesselauflieger

beinen vor uns. Von vorne wird die Zugmaschine rückwärts unter die Kupplungsplatte geschoben, so dass die Kupplung einrastet. In diesem Moment werden die Standbeine automatisch eingezogen und der Tank-Auflieger ist fest mit dem Sattelschlepper verbunden. Der Stecker für die Beleuchtungsanlage wird in die Buchse in der Rückwand des Fahrerhauses gesteckt, und die erste Fahrt kann beginnen.

An die Schaltgeräusche des Dreigang-Schaltgetriebes muss man sich erst einmal gewöhnen. Das Anfahren im 1. Gang ist klar, der Schalthebel des Senders ist nach unten gezogen und mit dem Fahrhebel wird etwas Gas gegeben. Langsam setzt sich das Gefährt mit einer Gesamtlänge von 1,219 m in Bewegung. Zunächst sollte man im 1. Gang weiterfahren, um die Lenkung kennenzulernen. Besonders schwierig ist es anfangs, den Sattelzug auch rückwärts präzise zu fahren. Hier macht Übung den Meister! Erst wenn man alles im Griff hat, sollte man in den 2. Gang und später in den 3. Gang weiterschalten. Das Schalten geht natürlich nur, wenn das Dreigang-Schaltgetriebe einwandfrei arbeitet, sprich, es richtig zusammengebaut und auch korrekt eingestellt wurde. Wenn z. B. beim 1. Gang die Schaltstange vom Schaltservo nicht ganz nach vorne gezogen wird, greifen die Zahnräder im Getriebe nicht ineinander und das Fahrzeug bleibt stehen, obwohl der Motor weiterläuft.

Technische Daten Mercedes Benz 1838 LS mit Tankauflieger
Zugmaschine: Länge: 440 mm, Breite: 185 mm, Höhe: 285 mm
Tankauflieger: Länge: 814 mm, Breite: 185 mm, Höhe: 260 mm

Gesamtlänge Zugmaschine mit Tankauflieger: 1219 mm

Zugmaschine mit Kesselauflieger

3 DER AUFBAU VON RC-TRUCKS

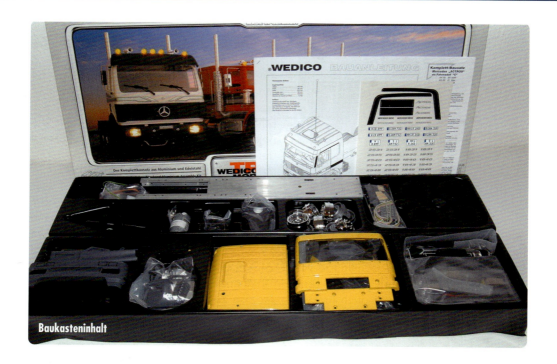

Baukasteninhalt

3.6 Mercedes Benz ACTROS 1853

Durch moderne Technologie und die Systembauweise gibt es beim Zusammenbau von WEDICO-Trucks eine Vielzahl von Variationsmöglichkeiten. Die Systembauweise ermöglicht es, dass einzelne Baugruppen so miteinander kombiniert werden können, dass jeder seinen eigenen, individuellen Truck in einer einmaligen Kombination zusammenstellen kann. Selbst wenn man mit einem Standmodell vorerst ohne Antrieb, Elektrik und Elektronik beginnen möchte, kann man später seinen ACTROS zum ferngesteuerten RC-Modell ausbauen.

Neben der Systembauweise lassen sich WEDICO-Trucks auch aus Komplett-Bausätzen aufbauen. Ein Komplett-Bausatz enthält das gesamte zum Bau erforderliche Material, den Motor, einen elektronischen Drehzahlsteller sowie die komplette Beleuchtungsanlage mit Schaltplatine und allen Lämpchen. Selbst der Fahrakku liegt dem Baukasten bei. Erforderlich ist nur noch eine Fernsteueranlage mit einem Servo. Dabei ist zu beachten, dass die elektrische Anlage eines Komplett-Bausatzes nicht kompatibel mit dem elektrischen Zubehör aus dem WEDICO-Systemprogramm ist. Alle anderen Teile aus dem WEDICO-Systemprogramm für Standard-Fahrgestelle oder aus dem allgemeinen Zubehör sind aber natürlich passend und können ein- bzw. angebaut werden.

Der hier nachfolgend beschriebene Mercedes Benz ACTROS (Best.-Nr. 82 gelb) ist ein solcher Komplett-Bausatz. Die mit vielen Abbildungen versehene Bauanleitung

DER AUFBAU VON RC-TRUCKS

gibt Aufschluss darüber, wie der Zusammenbau vonstatten geht. Man sollte auf jeden Fall die vom Hersteller angegebene Reihenfolge des Zusammenbaus einhalten, da es sonst sein kann, dass bereits montierte Teile wieder auseinander genommen werden müssen. Außerdem ist das Modell auch nicht in ein paar Stunden zusammenzubauen, also lassen Sie sich Zeit und studieren Sie genau die Explosionszeichnungen der Bauanleitung, bevor sie die Teile zusammenschrauben. Legen Sie die Bauteile vor sich auf dem Arbeitsplatz aus, Kleinteile, wie Schrauben, Muttern usw. kommen in kleine Kästchen, die griffbereit ebenfalls vor Ihnen liegen sollten. Dazu kommt die Bauanleitung. Es ist sehr hilfreich, wenn man die in der Bauanleitung aufgeführten Arbeiten, wenn sie beendet sind, abstreicht. Dann kann man mit einem Blick übersehen, wie weit man gekommen ist. Auf Bild 1, Seite 2 der Bauanleitung, sind alle Schrauben, Muttern und Unterlegscheiben im Maßstab 1:1 abgebildet. Es ist für die Arbeiten sehr hilfreich, wenn man sich dieses Bild ausschneidet und zu den Kleinteilen legt, so hat man die Möglichkeit, die richtigen Schrauben schnell und einfach herauszusuchen.

Der Aufbau des Mercedes ACTROS erfolgt auf einem 2 mm starken verwindungssteifen Aluminium-Profilrahmen. Die Achsen sind auf 3- bis 4-teiligen Edelstahl-Blattfederpaketen gelagert. Die Weichgummi-Bereifung hat Original-Profil. Alle Verbindungselemente bestehen aus nicht rostendem Edelstahl, alle Einzelteile werden miteinander verschraubt. Die 1,5 bis 2 mm starken Karosserieteile bestehen aus Aluminium-Blech oder sind im Aluminium-Druckgussverfahren hergestellt. Der Antrieb erfolgt durch einen Bühler-Elektromotor mit 7-teiligem Kollektor und einer Nennspannung von 12 Volt. Die Laststromaufnahme bei max. Drehmoment beträgt ca. 3 A, die Leerlauf-Stromaufnahme mit angeschlossenem Getriebe und einem Differenzial ca. 0,5 A. Für die Untersetzung von 5,6:1 sorgt ein 2-stufiges Stirnrad-Getriebe mit selbstschmierenden Zahnrädern. Die Kraftübertragung erfolgt über Edelstahl-Antriebswellen mit Kugelgelenken zwischen Getriebe und Differenzial mit einer Untersetzung von 2:1.

Den Zusammenbau beginnen wir mit der Vormontage der Kotflügel und der Türen, wie in der Bauanleitung beschrieben. Bei der Anbringung der Türscharniere an der Türinnenverkleidung wird es etwas kompliziert und man muss schon genau auf die verschiedenen Schritte in den Zeichnungen achten, denn ein Türscharnier besteht aus 18 Teilen, die in einer bestimmten Reihenfolge an der Türinnenverkleidung anzubringen sind. Da kann es leicht mal zu einer Verwechselung kommen. Ist alles richtig zusammengebaut, müssen sich die Scharniere an der Türinnenverkleidung leicht bewegen lassen. Ist das der Fall, wird die Innenverkleidung an den Türen selbst angeschraubt. Auch dabei ist wieder genau nach den Bildern der

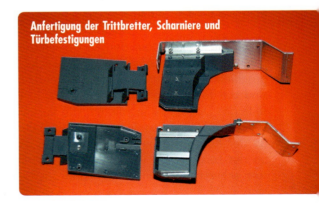

Anfertigung der Trittbretter, Scharniere und Türbefestigungen

DER AUFBAU VON RC-TRUCKS

Anbringen der Scharniere am Türrahmen

Die Seitenteile des Fahrerhauses werden am Dach angeschraubt

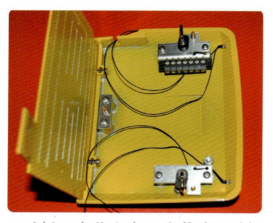
Anbringen der Verriegelungen, Dachleuchten und der Rückwand unterhalb des Fahrerhausdaches

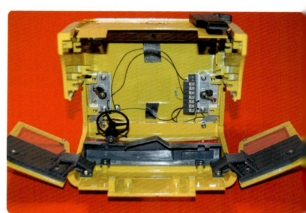
Einbau der Türen und des Armaturenbrettes in das Fahrerhaus

Bauanleitung vorzugehen. Besonders wichtig ist es, die Türblenden, den Türgriff und den Türriegel richtig einzusetzen. Darauf achten, dass es für die linke und rechte Tür entsprechende Türblenden gibt. Ist der Türgriff richtig eingesetzt, muss er beim Aufziehen des Griffes zurückschnappen. Für diese ersten Arbeiten sollte man sich Zeit nehmen. Beim Zusammenbau der Türen ist vor dem Einbau der Scheiben die Schutzfolie auf beiden Seiten abzuziehen.

Bevor die Bauteile auf der Außen- und Innenseite des Daches angebracht werden, müssen auf der Innenseite noch in sechs Löcher Gewinde geschnitten werden. Das geschieht mit den im Baukasten liegenden Gewinde-Schneidschrauben 111. Danach sind die Teile entsprechend der Abbildungen 4.1 bis 4.3 auf der Ober- und Unterseite des Daches zu montieren. Die Rückwand wird am Dach angeschraubt. Der Luftfilter besteht aus den Teilen 1002, 1003 und 1004. Es wird zusammengebaut und an der Rückwand befestigt. Nach Bild 4.5 der Bauanleitung wird die Verkabelung an der Leiste 1000 vorgenommen. Da die Steckerbelegung auf der Abbildung nur sehr schwer zu erkennen ist, kann das Gesamtschaltbild auf Seite 13 der Bauanleitung zu Hilfe genommen werden, dort ist die Belegung sehr gut zu erkennen.

DER AUFBAU VON RC-TRUCKS

In die vordere Stoßstange werden die Scheinwerfergehäuse mit jeweils zwei Glühbirnen eingesetzt, zuvor sind Blinker- und Scheinwerfergläser in die Stoßstange einzudrücken. Das Armaturenbrett wird zum Einbau vorbereitet. In den Frontteil des Fahrerhauses sind acht Gewinde zu schneiden, hierzu werden wieder die Schneidschrauben 111 verwendet. Anschließend sind die beiden Seitenteile 1017 links und 1018 rechts an das Frontteil anzuschrauben. Der Befestigungswinkel für die Seitenteile 1022 wird angeschraubt. Die Windschutzscheibe und das Armaturenbrett werden angebracht, abschließend sind die beiden vorbereiteten Türen einzusetzen. Jetzt ist es an der Zeit, die elektrische Anlage in das Fahrerhaus einzusetzen. Dazu ist die Schaltplatine in die Sitzrückwand 222 einzubauen. Nachdem von den vier Schaltern auf der Platine die Rändelmuttern abgenommen worden sind, steckt man die Platine von hinten durch die vier Bohrungen in der Sitzrückwand, auch für die rote LED ist ein Loch vorgesehen. Danach wird die Sitzrückwand entsprechend der Abbildung 7 der Bauanleitung in das Fahrerhaus eingebaut. Die beiden Anschläge 1025 für die Fahrerhausverriegelung und die beiden Klinkenbuchsen 701 von der Schaltplatine werden in der Rückwand befestigt. Damit ist das Fahrerhaus erstmal fertig und es geht weiter mit dem Zusammenbau des Fahrgestells.

Zunächst wird die Verriegelung des Fahrerhauses 1029 zusammen mit dem Sockel 1030 und den beiden Federn 176 auf dem Alu-Rahmen befestigt. Die Teile für die Servobefestigung vorne werden bereitgelegt und entsprechend der Abbildung 9 auf Seite 7 der Bauanleitung in den Rahmen eingebaut. Es ist wichtig, zuerst den Servowinkel 760 am Rahmen festzuschrauben und erst danach das Servo, wie angegeben, daran zu befestigen. Der Blinkerschalter ist zusammenzubauen und über dem Servo mit Klebepads anzukleben. Die Platinenhalterung 723 wird ebenfalls mit zwei Klebepads unter dem Rahmen angeklebt. Die im Rahmen vorhandenen beiden Bohrlöcher werden nicht benötigt, sie werden durch die Platinenhalterung überdeckt.

Am hinteren Teil des Rahmens werden die Sattelkupplung und anschließend die hintere Stoßstange angebracht. Jeweils drei Glühbirnen sind in die Rücklichthalterungen

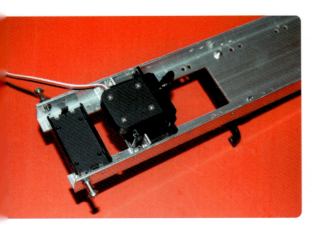

Das Lenkservo mit dem Blinkerschalter und der vorderen Platinenhalterung werden unterhalb des Fahrzeugrahmens angebracht

Die Verriegelung für das Fahrerhaus wird am Rahmen angebracht

DER AUFBAU VON RC-TRUCKS

Anbringen der Vorderachse mit den Lenkgestängen zu den Rädern und zum Blinkerschalter

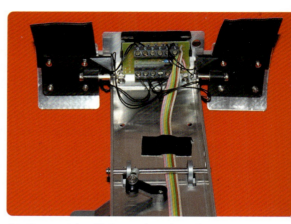

Die hinteren Schutzbleche mit den Schmutzfängern und der hinteren Platinenhalterung werden am Rahmen angebracht

Zusammenbau des Getriebes mit dem Motor

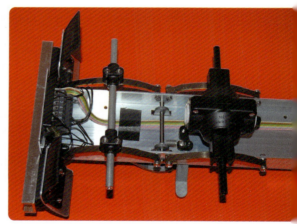

Anbau der hinteren Achsen und der Differenzialgetriebe am Fahrgestellrahmen

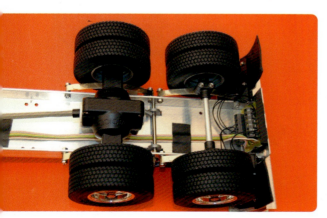

Anbringen der Räder an den beiden Hinterachsen

Der Motor mit dem Getriebe wird in das Fahrgestell eingesetzt

DER AUFBAU VON RC-TRUCKS

einzuklemmen und die Leitungen nach außen zu führen. Ich rate davon ab, zunächst die Halterungen an der Stoßstange zu befestigen, es ist viel leichter, zuerst die Stoßstange zusammen mit der Trägerplatte 710 am Rahmen anzuschrauben und erst danach die Glühlampenhalterungen zu befestigen. An der Trägerplatte wird die hintere Platinenhalterung mittels Klebepads befestigt.

Bevor es mit der Montage der Vorderachse weitergeht, noch ein wichtiger Hinweis: Da unser Komplettbausatz auch die komplette elektrische Anlage enthält, zeigt Bild 8 auf Seite 7 der Bauanleitung die spätere Lage der Platinen und die Verlegung des Flachbandkabels unter dem Rahmen. Das Kabel muss noch vor dem Anbringen der vollständigen Elektronik und der Hinterachsen unterhalb des Rahmens verlegt werden. Es soll zwischen dem Rahmen, den Achsen, der Welle des Sattels und der Schrauben zur Befestigung des Tanks liegen, da sonst bei einer späteren Verlegung einige Teile wieder abgebaut werden müssen.

Bei den Glühbirnen handelt es sich ausschließlich um 3-Volt-Lampen, von denen jeweils vier in Reihe geschaltet werden, um auf die Betriebsspannung von 12 Volt zu kommen. Das bedeutet, dass, wenn eine Birne ihren Geist aufgibt, auch die anderen drei mit ihr in Reihe geschalteten Birnchen nicht mehr brennen. Um nun herauszufinden, welche Glühbirne durchgebrannt ist, schließt man eine Birne nach der anderen der ganzen Kette kurz, das heißt, man überbrückt sie. Leuchten dann alle drei anderen Glühbirnen auf, weiß man, dass die überbrückte Birne ausgefallen und zu ersetzen ist.

Bei der Montage der Vorderachse muss man schon genau hinsehen, um alles richtig zu machen. Zunächst werden die beiden Tragfedern lang 32, wie auf Abbildung 11 der Bauanleitung gezeigt, am Rahmen festgeschraubt. Diese tragenden Federn werden durch je zwei mittellange Blattfedern 33 und eine kurze Blattfeder 34 verstärkt. Danach ist in zwei Achsgabeln 41 der Lenkhebel 42 einzusetzen und dieses Achslager wird über dem Blattfedersatz angeschraubt. Das geschieht an beiden Seiten des Rahmens. Bevor alle Schrauben angezogen werden, ist noch die Vorderachse 55 in die Lager der Achsgabeln 41 einzulegen. Ich rate davon ab, schon jetzt die Räder zu montieren, wie in der Bauanleitung beschrieben. Es ist besser, jetzt erst die Spurstange 1390 sowie die beiden Lenkstangen zum Servo und zum Blinkerschalter anzubringen, noch bevor die Räder festsitzen, denn die stören bei der Montage der eben erwähnten Teile. Erst wenn die Lenkung funktioniert und auch das Gestänge zum Blinkerschalter angebracht ist, werden die Räder montiert, nachdem die Reifen auf die Felgen aufgezogen wurden.

Im nächsten Arbeitsgang werden die hinteren Schmutzfänger am Rahmen angebracht. Da die aus dem Lampengehäuse der Rücklichter herausragenden Kabel bei der Montage stören, sollten diese bereits jetzt gekürzt und nach dem Schaltbild auf Seite 13 der Bauanleitung an der hinteren Platine angeschraubt werden. Danach sind die Blattfedern 32, 33 und 34 der hinteren Achse am Fahrgestell anzuschrauben. Zu achten ist bei den Federträgern 70 auf die aufgeprägte Bezeichnung „M", die nach außen zu liegen kommen muss. Anschließend ist das fertig im Baukasten liegende Differen-

3 DER AUFBAU VON RC-TRUCKS

Der Tank mit dem Drehzahlsteller wird auf der rechten, der Auspuff auf der linken Seite des Rahmens angebracht

Die Aufliegerkupplung

Gesamtansicht Fahrgestell von unten

Gesamtansicht Fahrgestell von oben

DER AUFBAU VON RC-TRUCKS

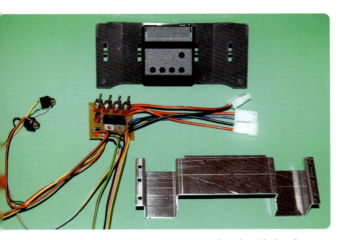

Einbau der Schalterplatine in die Sitzrückwand

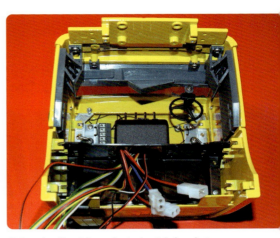

Einbau der Sitzrückwand mit der Schalterplatine in das Fahrerhaus

zialgetriebe ebenfalls auf den Blattfedern der Antriebsachse aufzuschrauben. Nun werden die Räder aus Felgen und Gummireifen zusammengebaut. Das Aufziehen der Gummireifen auf die Felgen ist schwierig und kostet viel Kraft. Es geht etwas leichter, wenn man den Gummireifen vorher etwa zwei Minuten lang in der Hand hin und her walkt, er wird dadurch geschmeidiger und lässt sich besser aufziehen. Hat man das an allen acht Rädern geschafft, werden diese an den Hinterachsen montiert.

Der Motor wird am Getriebegehäusedeckel festgeschraubt, die Zahnräder sind in das Getriebegehäuse einzusetzen und einzufetten. Der Getriebegehäusedeckel mit dem Motor wird am Getriebegehäuse angeschraubt. Die so fertiggestellte Antriebseinheit ist zusammen mit der Kardanwelle in den Fahrgestellrahmen einzusetzen und an diesem festzuschrauben. Der in den Tank eingebaute Drehzahlsteller wird mit den beiden Befestigungsschellen auf der rechten Seite des Rahmens angeschraubt, an der

Das fertige Fahrerhaus, seitliche Ansicht

Ansicht von hinten

3 DER AUFBAU VON RC-TRUCKS

Das fertige Modell ACTROS

linken Seite des Fahrzeugrahmens ist der Auspuff anzubringen. Damit sind alle Komponenten am Fahrgestell angebaut und wir kommen zur Fertigstellung des Fahrerhauses.

Trittbretter, Kotflügel, Stoßstange und Frontverkleidung werden am Fahrerhaus angebracht, die Rückwand wird eingesetzt. Es folgen Rückspiegel, Scheibenwischer, Frontgriffe und Sonnenblende. Das fertige Fahrerhaus wird nun am Rahmen befestigt, so dass es sich nach vorne kippen lässt. Am Fahrgestell sorgt die Verriegelung dafür, dass das Fahrerhaus an der Rückwand festgehalten wird. Damit ist unser Mercedes ACTROS fertig und die Verdrahtung der elektrischen Anlage kann nach dem Bild 17 auf Seite 13 der Bauanleitung vorgenommen werden. Empfänger und Fahrakku sind im Fahrerhaus unterzubringen.

Technische Daten Mercedes ACTROS
Länge: 458 mm, Breite: 190 mm, Höhe: 226 mm
Spurbreite vorn: 140 mm, Spurbreite hinten: 116 mm
Gewicht mit Antrieb und Fahrakku: 3,6 kg

3.7 VOLVO F12 mit Containerauflieger

Bei diesem Modell handelt es sich ebenfalls um einen Komplett-Bausatz von WEDICO (Best.-Nr. 48, rot). Der Baukasten enthält das gesamte zum Bau des Motorwagens erforderliche Material inkl. Motor, Schrauben, Muttern und was sonst noch alles dazu gehört, ebenso die Beleuchtungsanlage. Eine 2-Kanal-Fernsteueranlage mit einem Lenkservo muss man sich getrennt anschaffen, ein elektronischer Drehzahlsteller ist im Komplett-Bausatz enthalten. Dieser befindet sich im Tank des Modells.

In einem ersten Arbeitsgang wird der Frontteil fertig gestellt, die Türen werden eingebaut und das Armaturenbrett angebracht. Zu beachten ist, dass in das Frontteil noch einige Gewinde zu schneiden sind, was durch Eindrehen von Schneidschrauben geschieht, die dem Baukasten beiliegen. Vor dem Einschrauben sind die Schneidschrauben mit etwas Vaseline einzufetten, die später wieder weggewischt wird. Weiter ist darauf zu achten, dass es linke und rechte Bauteile, z. B. für die beiden Türen, gibt. Auch beim Einbau der Scheinwerfer gibt es einen linken und einen rechten Reflektor, diese halten gleichzeitig das Blinker- und das Standlichtglas fest.

Weiter geht es mit der Montage der Signalhörner und Dachleuchten auf dem Wagendach. Was zunächst schwierig aussieht, nämlich das Einfädeln der Anschlussdrähte der Glühlämpchen in die Dachlampen, ist gar nicht so schwer, wenn man die bei-

Baukasteninhalt

3 DER AUFBAU VON RC-TRUCKS

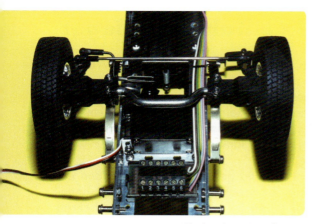 

Vorderachse mit Lenkservo   Hinterachse mit Differenzial

den Drähte etwas vorbiegt und dann von vorne einfädelt. Mit einer spitzen Pinzette zieht man sie dann nach unten heraus. Auf der Unterseite des Dachs wird eine 5-polige Klemmleiste angebracht. Dort werden die Lampendrähte so festgeschraubt, dass alle fünf Lampen hintereinander geschaltet werden. Der Enddraht der einen Lampe wird also mit dem Anfangsdraht der nächsten zusammengesteckt und festgeschraubt. Nur am Anfang und am Ende der Klemmleiste ist je ein Draht befestigt, dort werden später die beiden Stromzuführungsleitungen (rot/schwarz) angeschlossen. Beim Befestigen der beiden Signalhörner ist zu beachten, dass auf die Befestigungsschraube 4 zunächst eine M3-Mutter aufgeschraubt wird. Diese darf nicht vergessen werden, da sich die Signalhörner sonst nicht festschrauben lassen, weil die Schraube zu lang ist.

Wir kommen zum Zusammenbau des Fahrerhauses. Laut Bauanleitung sollen nun die beiden Kotflügel an den Seitenwänden angeschraubt werden. Davon möchte ich jedoch zunächst abraten, da, wenn später die Seitenwände am Dach angeschraubt werden sollen, die Kotflügel stören, weil man an die Schrauben nicht oder nur sehr

Fahrerhausdach mit verdrahteten Dachleuchten   Draufsicht auf Fahrerhausdach und Rückwand mit Auspuff

Das fertige Fahrgestell

schwer herankommt. Also müssten die Kotflügel wieder abgebaut werden. Besser ist es, erst die Seitenwände am Dach zu befestigen und erst dann die Kotflügel an den Seitenwänden. Ist das geschehen, wird die Baueinheit Dach mit Seitenwänden und Kotflügeln am Frontteil angeschraubt. Dazu sind vier Schrauben erforderlich, zwei Schneidschrauben über der Frontscheibe und zwei Schrauben mit Vierkantmuttern an den beiden Seiten unterhalb der Türen. Laut Zeichnung in der Bauanleitung sollen gleichzeitig die Sitzrückwand mit den beiden Sitzen und die Akkuplatte in das Fahrerhaus eingebaut werden. So wird es jedenfalls in der Bauanleitung beschrieben. Bauen Sie hier aber nicht weiter, sondern sehen Sie sich auf Seite 9 der Bauanleitung die Zeichnung von Baustufe 12 (Zusammenbau aller Baugruppen) an. Dort wird gezeigt, dass die Schaltplatine mit den vier Schaltern in die bereits in das Fahrerhaus eingebaute Sitzrückwand einzubauen ist. Das ist ein Scherz! Dieses Kunststück wird wohl keinem Modellbauer glücken, da es schier unmöglich ist, die Muttern der vier Schalter nach dem Einführen der Schaltplatine von hinten, vorne festzuschrauben, da ja die Frontscheibe bereits eingebaut ist und man von vorne überhaupt nicht mehr an die Schaltermuttern heran kann. Um dieses Kunststück also zu vollbringen,

Frontseite mit Türen und Stoßstange

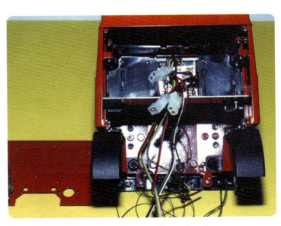

Einbau der elektrischen Anlage in das Fahrerhaus

DER AUFBAU VON RC-TRUCKS

Verkabelung der elektrischen Anlage

müsste man einen Teil des Fahrerhauses wieder demontieren. Folglich rate ich dazu, bereits jetzt, also während des Zusammenbaus des Fahrerhauses, die Schaltplatine in die Sitzrückwand einzubauen und erst dann die Sitzrückwand und die Akkuplatte einzusetzen. Man erspart sich so viel Ärger und Zeit. Der Zusammenbau des Fahrerhauses erfordert von sich aus schon sehr viel Zeit und Geduld, da man an einige Schrauben nur sehr schwer herankommt, wenn andere Bauteile bereits fest angeschraubt sind.

Blick auf das Fahrerhaus von der Rückseite her mit Auspuff und Tanks

Das Heck des Modells mit Aufliegerkupplung

DER AUFBAU VON RC-TRUCKS

Zunächst legen wir das Fahrerhaus ohne Rückwand beiseite und wenden uns dem Aufbau des Rahmens zu. Dazu sehen wir uns den Bauabschnitt 7 an. Dort wird gezeigt, wie zunächst der Blinkerschalter zusammengebaut und später auf dem Lenkservo befestigt wird. Das Lenkservo selbst wird, der Zeichnung in der Bauanleitung entsprechend, unter dem Rahmen montiert. Leider wird auf der Zeichnung nicht gezeigt, wie der Servohebel stehen soll. Der Hebel steht senkrecht nach unten, zuvor genau die Mittelstellung des Servos einstellen, damit später die Räder gleichmäßig nach beiden Seiten einschlagen können. Dann geht es weiter mit der Montage der rückwärtigen Stoßstange und der Sattelkupplung auf dem Rahmen. Beim Einlegen der Glühbirnen in den Halter ist darauf zu achten, dass die Leitungen beim Anschrauben des Halters auf der Stoßstange nicht eingeklemmt werden, sie sind seitlich herauszuführen.

Bei der Montage der Federung mit der Vorderachse schlage ich vor, mit dem Festschrauben der Vorderräder zu warten, bis die Kugelbolzen 29 an den Lenkhebeln 42 befestigt sind, da die Räder bei dieser Arbeit stören. Erst wenn alle Teile der Lenkung befestigt sind, sollten die Räder montiert werden. Auch bei der Montage der Hinterachse muss man genau auf die Zeichnung in der Bauanleitung sehen, um alles richtig zu machen. Ganz wichtig ist es, beim Zusammenbau der Lagerschalen 70 (Federträger) darauf zu achten, dass die mit dem Buchstaben „A" bezeichnete Seite stets zu den Rädern hin zeigen muss und die beiden nach den Seiten herausstehenden Enden der Achse 68 gleich lang sein müssen! Abmessen, bevor die Achse zwischen den Lagerschalen 70 festgeschraubt wird. Das Differenzialgetriebe wird fertig montiert von der Firma WEDICO geliefert. Beim Einbau ist darauf zu achten, dass die kurzen 6 mm langen Schrauben für die Befestigung der Federpakete verwendet werden und nicht wie bei der anderen Hinterachse, die 12 mm langen Schrauben. Ganz wichtig ist es noch, vor dem Anbringen der Hinterachse und des Differenzialgetriebes am Rahmen das Flachbandkabel mit den beiden Platinen unter dem Rahmen zu verlegen, da man später die Platinen nicht mehr durchgeschoben bekommt.

Wir kommen zum Antrieb. Zunächst wird der Motor am Getriebegehäusedeckel angeschraubt und das Getriebe mit den beiden Zahnrädern zusammengesetzt. Beim Einbau der Antriebseinheit in den Rahmen ist vor dem Festschrauben die Kardanwelle in den Gelenkkopf einzustecken und gleichzeitig ist das andere Ende der Kardanwelle in den Gelenkkopf des Differenzialgetriebes einzusetzen. Erst dann ist das Getriebegehäuse am Rahmen festzuschrauben. Beachtet man diese Reihenfolge nicht und schraubt das Gehäuse gleich auf den Rahmen auf, lässt sich die Kardanwelle nicht mehr einstecken.

Der Drehzahlsteller ist in einem Tank eingebaut und wird an der rechten Seite des Rahmens mittels Klemmbändern und Isolierstreifen angebracht. Ein weiterer Tank wird an der linken Seite befestigt. Bei der Montage des Drehzahlstellers am Rahmen ist darauf zu achten, dass der Isolierstreifen auch zwischen Tank und Rahmen zu liegen kommt, da das Drehzahlstellergehäuse vom Rahmen isoliert sein muss. Das ist sehr wichtig, da sonst der Drehzahlsteller Schaden nehmen kann.

3 DER AUFBAU VON RC-TRUCKS

Die fertige Zugmaschine VOLVO F12

Damit sind alle mechanischen Teile am Rahmen montiert und man kann mit dem Zusammenbau beginnen, gleichzeitig erfolgt die elektrische Verdrahtung. Da wir die Schaltplatine ja bereits eingebaut haben, werden die elektrischen Leitungen nach dem Schaltbild verdrahtet und an der vorderen und hinteren Platine angeschlossen. Die beiden Klinkenbuchsen sind an der Rückwand anzuschrauben, bevor die Rückwand selbst am Fahrerhaus befestigt wird. Nachdem das Fahrerhaus auf dem Rahmen angeschraubt ist, werden noch die Scheibenwischer, Seitenspiegel und die Sonnenblende angebracht. Damit ist die VOLVO-Zugmaschine fertig.

Lenkservo und Drehzahlsteller befinden sich am Rahmen, der Akku hat Platz im Fahrerhaus. Der Empfänger wird im Inneren des Fahrerhauses unterhalb des Armaturenbrettes an der Frontplatte befestigt. Da sich das Fahrerhaus kippen lässt, kommt man einigermaßen gut an den Empfänger heran.

Technische Daten VOLVO F12
Länge: 450 mm, Breite: 170 mm, Höhe: 265 mm, Spurbreite vorn: 140 mm
Spurbreite hinten: 116 mm, Gewicht mit Antrieb und Akku: 3,6 kg

Zur Zugmaschine gehört natürlich ein Auflieger. Auch Container-Auflieger können aus einem WEDICO-Komplett-Bausatz aufgebaut werden, so wie der nachfolgend beschriebene.

Zunächst werden an den Rahmen aus Aluminium der Stoßstangenhalter, die beiden Achsträger und die Stütze angebaut. Die Trägerplatte auf Bild 2 der Bauanleitung darf noch nicht befestigt werden. In Baugruppe 3 wird beschrieben, wie die Schmutzfänger und die Achsfederungen am Rahmen angebaut werden. Diese Arbeiten ähneln

DER AUFBAU VON RC-TRUCKS

Baukasteninhalt des Trailers

denen bei der Montage an der Zugmaschine. Die Stoßstange und die Radachsen werden angebracht, aber mit der Montage der Räder sollte man noch warten, da sie beim weiteren Aufbau des Containers nur stören.

Die Stoßstange wird mit den Lämpchen bestückt und hinten am Rahmen des Aufliegers angeschraubt.

Wir kommen zum Zusammenbau des Containers. Zunächst wird der Stirnwandrahmen zusammengebaut. Es ist genau nach der Bauanleitung vorzugehen, die beschriebene Reihenfolge der Montage der Einzelteile ist genau einzuhalten. Nachdem die Seitenwände und der Boden eingesetzt sind, kann die Trägerplatte mit dem Königs-

Zusammenbau des Containers

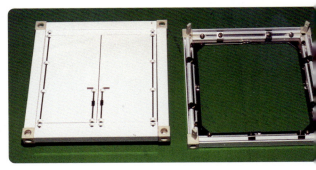

Stirnwand und Rückwand mit Türen des Containerauflegers

DER AUFBAU VON RC-TRUCKS

Zusammenbau der beiden Hinterachsen am Fahrgestell   *Die beiden Hinterachsen des Containerauflieger s*

bolzen unter dem Rahmen befestigt werden. Die Stirnwand mit den Griffen wird fertig gestellt, jedoch noch nicht eingebaut. Auch die Rückwand mit den Türen kann zusammengebaut werden. Der nachfolgende Einbau des Daches gestaltet sich etwas schwierig, da die Klemmbügel im Inneren des bereits zusammengebauten Containers festgeschraubt werden müssen und das geht nur durch die Öffnungen vorne und hinten. Nachdem diese Arbeit vollbracht ist, werden noch die Räder angeschraubt und nachdem noch die elektrischen Leitungen angeschlossen worden sind, ist unser Auflieger fertig zum Einsatz.

Technische Daten des Container-Aufliegers
Länge: 748 mm, Breite: 165 mm, Höhe: 258 mm, Gewicht: 3.700 g

VOLVO F12 mit Containerauflieger

DER AUFBAU VON RC-TRUCKS 3

Frontansicht des KENWORTH-Trucks

3.8 KENWORTH-Zugmaschine, ein Klassiker

Als einen Klassiker unter den WEDICO-Modellen kann man den KENWORTH-Truck bezeichnen, den ich bereits vor Jahren gebaut habe und der mir immer noch so gut gefällt, dass ich ihn hier vorstellen möchte. Zwar gibt es den KENWORTH-Truck nicht mehr als Baukasten, das Modell wird heute aber als PETERBILT-Truck von WEDICO angeboten.

Im Grundbaukasten waren alle Teile für das Drei-Achs-Fahrgestell, das Chassis, die Räder, Felgen, Achsen, Differenzialgetriebe und Stoßstangen sowie der Elektromotor enthalten. Am Elektromotor angebaut war ein dreistufiges Stirnradgetriebe mit selbstschmierenden Zähnen. Das Untersetzungsverhältnis betrug 5,6:1. Die Kraftübertragung zwischen dem Getriebe und dem Differenzial erfolgte über Edelstahlgelenkwellen mit selbstschmierenden, kohlefaserverstärkten Polyamid-Gelenken. Die Untersetzung am Kugelgelenk des An- und Abtriebes betrug 2:1.

In einer zweiten Baustufe wurden das Fahrerhaus mit der Schlafkabine und das Motorgehäuse zusammen- und auf den Rahmen aufgebaut. Alle dazu erforderlichen Teile lagen im Systembaukasten. Die Alubleche waren lackiert und alle Löcher für die Montage der Teile gebohrt. Nach dem Zusammenbau aller Teile war die Zugmaschine fertig.

3 DER AUFBAU VON RC-TRUCKS

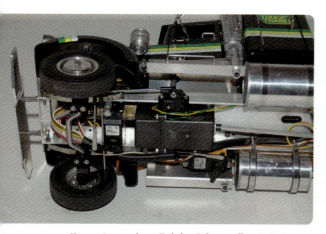

Unterseite vorderer Teil des Fahrgestells mit Dreigang-Schaltgetriebe, Schalt- und Lenkservo

Blick auf die beiden Differenzialgetriebe an den Hinterachsen

Der Auflieger ließ sich aus einem weiteren Systembaukasten aufbauen. Auch hier waren alle Aluteile lackiert und gebohrt, so dass sie entsprechend der Bauanleitung zusammengebaut werden konnten.

Der Auflieger (Container) setzte sich aus dem Rahmen mit Stützrad, dem Fahrgestell, der Stirnwand, der Heckwand mit den Türen, den beiden Längswänden sowie dem Dach- und dem Bodenblech zusammen. Nach Fertigstellung des Aufliegers konnte dieser in die Sattelkupplung der Zugmaschine eingeklinkt werden, der komplette Sattelzug hatte dann eine Gesamtlänge von 1,11 Metern.

Die elektrische Anlage des Truckmodells bestand aus den fünf Dachleuchten am Fahrerhaus, einer Blinkanlage und einem elektronischen Drehzahlsteller. Außerdem waren noch ein elektronischer Dieselmotor-Geräuschgenerator, eine Hupe und eine Truck-Fanfare vorgesehen.

Container-Auflieger

DER AUFBAU VON RC-TRUCKS

Zugmaschine mit Container-Auflieger

KENWORTH-Truck

Der Einbau der Fernsteueranlage erfolgte in der Zugmaschine, untergebracht waren die Komponenten im Fahrerhaus und in der Schlafkabine. Zur Steuerung des Modells waren wenigstens zwei Kanäle erforderlich, ein Kanal für die Lenkung und ein weiterer für den Drehzahlsteller. Um auch die Beleuchtung, Warnblinkanlage, Hupe usw. ein- und ausschalten zu können, mussten weitere Kanäle vorgesehen werden.

Technische Daten KENWORTH-Truck
Zugmaschine: Länge: 550 mm, Breite: 160 mm, Höhe: 200 mm
Auflieger: Länge: 770 mm, Breite: 170 mm, Höhe: 265 mm
Gesamtlänge Zugmaschine mit Auflieger: 1,11 Meter
Gesamtgewicht: 5,8 kg

3 DER AUFBAU VON RC-TRUCKS

MAN-TGA Dreiseitenkipper

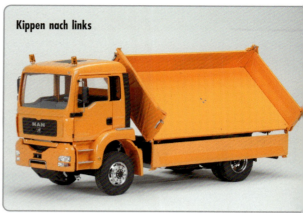
Kippen nach links

Kippen nach hinten

Kippen nach rechts

3.9 MAN-TGA-Kipper

Der MAN-TGA Dreiseiten-Kipper von GRAUPNER (Best.-Nr. 5080) ist ein RC-Modell mit Hydraulikanlage zur Steuerung über drei Funktionen. Als oberste Zielsetzung bei der Konstruktion und Fertigung dieses Modellbausatzes wurde die originalgetreue Umsetzung aller Arbeits- und Fahrfunktionen ins Lastenheft geschrieben, ohne jedoch die für den Modellbauer so wichtige vorbildgetreue Optik zu vernachlässigen.

Nur hochwertigste Materialien finden bei der Herstellung dieses außergewöhnlichen Bausatzes Verwendung.

Der Basisbausatz enthält das komplette Funktionsmodell inklusive des benötigten Werkzeuges und der Bauanleitung, jedoch ohne Antriebstechnik, Hydraulik und Elektronik. Die Ausbaukomponenten können als einzelne Funktionskomponenten bestellt werden.

DER AUFBAU VON RC-TRUCKS

Blick auf die Hydraulik

Detailaufnahme der Hydraulik

Eine andere Variante des MAN-TGA

Bausatzteile

3 DER AUFBAU VON RC-TRUCKS

Einige weitere Bausatzteile

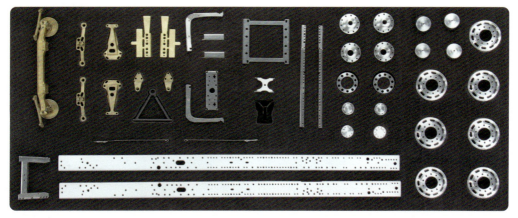

Bausatz-Kleinteile

Genau wie beim großen Vorbild funktioniert die Hydraulik auch beim Modell des MAN-TGA, so dass die voll funktionsfähige Meiler-Kippbrücke in Ganzmetallausführung wahlweise nach drei Seiten mittels Hydraulikzylinder abgekippt werden kann. Der Edelstahlrahmen ist mit eingeschraubten Traversen verstärkt, auch die originalgetreue Lenkachse ist komplett aus Metall gefertigt. Das Fahrerhaus mit Metallbeschlägen zum Kippen ist mit einer originalgetreuen Innenausstattung versehen, die Türen sind zum Öffnen, die Sitze in Lederoptik. Präzise gefertigt sind auch die aus dem Vollen gedrehten, kugelgelagerten Aluminium-Langlochfelgen. Da mir zum Zeitpunkt der Manuskripterstellung kein Modell zur Verfügung stand, wurden die hier verwendeten Informationen und Bilder dem Graupner-Katalog entnommen.

Technische Daten MAN-TGA-Kipper
Länge: 510 mm, Breite: 172 mm, Höhe: 230 mm,
Radstand: 270 mm, Gewicht fahrfertig: 5,4 kg, Kipplast: 12 kg,
Betriebsdruck Hydraulik: 14 bar

DER AUFBAU VON RC-TRUCKS

Kettenfahrzeug CATWIESEL

3.10 CATWIESEL, ein Kettenfahrzeug

Der Bereich des Truckmodellbaus überschneidet sich an manchen Punkten mit anderen Bereichen des Fahrzeugmodellbaus. Hierzu gehören z. B. auch Baumaschinen wie Radlader und Bagger, Planierraupen, aber auch Sonderfahrzeuge. Als einen Vertreter der letzten Spezies wollen wir uns daher einmal das Kettenfahrzeug CATWIESEL der Fa. CONRAD-ELECTRONIC anschauen.

Im Gegensatz zu allen anderen Fahrzeugmodellen, bei denen die Steuerung durch Lenkbewegung der Vorderräder geschieht, wird ein Kettenfahrzeug durch einseitiges Abbremsen bzw. komplettes Abstellen der einen oder anderen Kette gesteuert. Hierbei handelt es sich um eine völlig andere Art der Lenkung, mit der man sich erst einmal vertraut machen muss. Soll das Kettenfahrzeug z. B. nach links abbiegen, so wird die linke Kette abgebremst oder ganz gestoppt, bei einer Drehung nach rechts sinngemäß die rechte Kette. Eine weitere Besonderheit ist noch die Möglichkeit, das Fahrzeug auf der Stelle, also um die Hochachse, drehen zu lassen, in diesem Fall läuft die eine Kette nach vorne und die andere nach hinten.

Zum Antrieb eines Kettenfahrzeugmodells werden daher in der Regel zwei Elektromotoren benötigt, von denen jeweils einer auf eine Kette arbeitet. Beide Motoren müssen sich natürlich getrennt voneinander steuern lassen. Die Kraftübertragung des Motors auf das Kettenantriebsrad erfolgt über ein Untersetzungsgetriebe, die Drehzahlregelung wird über einen elektronischen Drehzahlsteller vorgenommen.

3 DER AUFBAU VON RC-TRUCKS

Der Bausatz (Best.-Nr. 21 51 80-31) enthält die Fahrzeugwanne, das Fahrerhaus mit Ladefläche und Verglasung für die Fenster, zwei Getriebe, Laufrollen mit Moosgummireifen, Kettenglieder für zwei Ketten, Kettenantriebsräder und Kleinteile. Alle Teile sind im Spritzgussverfahren hergestellt und brauchen nicht besonders nachgearbeitet zu werden.

Nicht im Bausatz enthalten sind die beiden Elektromotoren der Baugröße 500, ein elektronischer Drehzahlsteller und der Fahrakku. Passend für das CATWIESEL ist noch ein Zubehörsatz (Sitzgarnitur mit Armaturenbrett, zwei Einzelsitze, eine Doppelsitzbank, Lenkrad, zwei Schaltknüppel und Scheibenwischer) unter der Best.-Nr. 21 56 27-31 zu beziehen.

Neben den Antriebsmotoren benötigt man dann also noch einen Drehzahlsteller sowie zwei Akkupacks mit jeweils 7,2 V, als Fernsteueranlage eignet sich jede 2-Kanal-Anlage.

Man beginnt mit dem Einbau der beiden Motoren und Getriebe in die Fahrzeugwanne. Die Achsen werden in die Lager geschoben und die Kettenantriebsräder aufgesetzt. Danach ist es ratsam, getrennt Spannung an die Motoren anzulegen, um zu prüfen, ob die Getriebe einwandfrei arbeiten. Ist das der Fall, können jetzt die Laufrollen angebracht werden. Zuvor sollte man bereits die Moosgummireifen aufbringen. Damit ist die Antriebseinheit fertig und die Ketten können zusammengebaut und aufgezogen werden. Dies ist eine zwar mühevolle Arbeit, bei der man sich aber trotz-

Fahrerhaus mit Ladefläche abgenommen

DER AUFBAU VON RC-TRUCKS

Blick auf die beiden Motoren mit den Umschaltrelais

dem Zeit nehmen sollte, da es bei einer schludrig zusammengebauten Kette später sehr leicht zu einem Kettenriss kommen kann.

Der Glaseinsatz wird in das Fahrerhaus eingeklebt und die Sitzgarnitur zusammengebaut.

Es folgt der Einbau der RC-Anlage. Da zwei Motoren mit Strom versorgt werden müssen, ist es angebracht, zwei 7,2-Volt-Akkupacks parallel zu schalten, um die Kapazität zu erhöhen und damit die Fahrzeit des Modells zu verlängern. Die Akkus finden in der Mitte der Fahrzeugwanne Platz. Da der Einbauraum wegen der Unterbringung der beiden Motoren mit Getrieben in der Wanne sehr beschränkt ist, ist man gezwungen, den BEC-Empfänger und den elektronischen Drehzahlsteller unterhalb der Ladefläche anzubringen.

Da, wie schon erwähnt, nur ein Drehzahlsteller eingebaut wird, erfolgt die Steuerung durch Unterbrechung der Stromzufuhr zu jeweils einem der Elektromotoren, wozu zwei Relais und ein aus einem CONRAD-Bausatz aufgebauter 2-Kanal-Schalter benötigt werden.

Betrachten wir dazu das Prinzipschaltbild: Der linke Motor LM erhält über den Ruhekontakt des Relais LR und den Drehzahlsteller FR Spannung aus dem Fahrakku FA.

3 DER AUFBAU VON RC-TRUCKS

Ebenfalls erhält der rechte Motor RM über den Ruhekontakt des Relais RL und den Drehzahlsteller FR Spannung aus dem Fahrakku FA.

Je nach Stellung des Fahrthebels am Sender laufen die beiden Motoren auf Vorwärts- oder Rückwärtsfahrt. Da beide Ketten in die gleiche Richtung laufen, fährt das Modell entweder vorwärts oder rückwärts.

Wir wissen bereits, dass der linke Motor LM abgeschaltet werden muss, wenn das Modell nach links fahren soll und der rechte Motor RM ausgeschaltet werden muss, wenn das Modell nach rechts ausscheren soll. Das erreichen wir, wenn wir

Links neben dem Motor der 2-Kanal-Schalter

das linke Relais anziehen lassen, wodurch der Relaiskontakt geöffnet und der Stromkreis zum Motor LM unterbrochen wird. Die linke Kette bleibt stehen und das Modell fährt nach links. Sofort, nachdem das linke Relais LR wieder Strom erhält und anzieht, erhält auch der linke Motor LM wieder Spannung und läuft an. Das Modell fährt geradeaus.

Genauso wird die rechte Kette abgeschaltet, wenn der Relaiskontakt des Relais RL abfällt, da dann die Stromzufuhr zum Motor RM unterbrochen wird. Durch wechselseitiges Ab- und wieder Anschalten der beiden Motoren wird das CATWIESEL nach links oder rechts gelenkt.

DER AUFBAU VON RC-TRUCKS

Den 2-Kanal-Schalter benötigen wir, um das linke oder rechte Relais abzuschalten, wodurch die eine oder andere Kette stehen bleibt.

Der 2-Kanal-Schalter überträgt pro Kanal zwei Schaltsignale. Er funktioniert im Prinzip so, dass bei Knüppelauslenkung in eine Richtung hin der eine Schalter aktiviert wird, in der entgegengesetzten Richtung der andere.

Die Kanalbelegung des Senders erfolgt dann so, dass am Kanal 1 der 2-Kanal-Schalter zur Steuerung des Modells für die Fahrtrichtungen links oder rechts und am Kanal 2 der Fahrtregler für Vorwärts- und Rückwärtsfahrt angeschlossen werden.

Bei der Verdrahtung der Motoren ist darauf zu achten, dass im CATWIESEL die beiden Motoren spiegelbildlich angeordnet sind. Der rechte Motor RM befindet sich vorne und arbeitet auf die rechte Kette, der linke Motor LM sitzt hinten im Heck und arbeitet auf die linke Kette. Da beide Motoren seitenversetzt um 180 Grad eingebaut sind, beide Ketten jedoch bei Vorausfahrt in die gleiche Richtung laufen müssen, ist das bei der Polung der Motoren zu berücksichtigen.

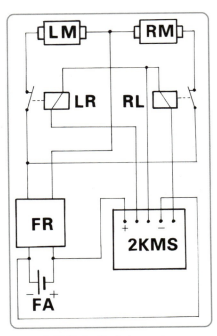

Schaltbild des Verdrahtungsplanes:
LM, RM = Motoren, LR, RL = Relais,
FR = Drehzahlsteller, 2KMS = 2-Kanal-Schalter, FA = Fahrakku

Wer mehr Geld ausgeben und das Modell weicher steuern möchte, kann natürlich auch jedem der beiden Motoren einen eigenen Drehzahlsteller spendieren. Dann kann man Kurven nicht nur durch schlagartiges Abstellen einer der beiden Ketten, sondern durch Drehzahlunterschiede der Motoren steuern.

Damit ist das Modell CATWIESEL fertig und nach einer Probefahrt im Zimmer kann es gleich hinaus ins Gelände gehen. Dort fühlt es sich so richtig wohl, es gibt kaum ein Hindernis, das nicht spielend überwunden wird.

Technische Daten CATWIESEL
Länge: 410 mm, Breite: 270 mm, Höhe: 200 mm

Derjenige, der sich intensiver über den Bau von Kettenfahrzeugmodellen informieren möchte, sei auch auf das im gleichen Verlag erschienenes Buch des Autoren, „RC-Ketten-, Rad- und Sonderkraftfahrzeuge – Modelle und Vorbilder" verwiesen (Best.-Nr. 686, Neckar-Verlag).

3 DER AUFBAU VON RC-TRUCKS

Inhalt des Baukastens

3.11 Amphibienfahrzeug KAIMAN 6 x 6

Für diejenigen Modellbauer, die mit einem Fahrzeugmodell durch die Gegend fahren, aber auch nicht vor einem Gewässer haltmachen möchten, ist das Amphibienfahrzeug KAIMAN 6 x 6 von CONRAD-ELECTRONIC gedacht. Der KAIMAN ist ein extremes Fahrzeug für extremes Gelände: Die sechs riesigen Ballonreifen mit einem Durchmesser von 125 mm und grobstolligem Profil, sorgen auf jedem Untergrund für einen absolut sicheren Grip. Da alle sechs Räder permanent angetrieben werden, schafft der KAIMAN 6 x 6 Steigungen von 45 Grad. Dazu kommt die außergewöhnliche Lenkfunktion, denn der linke und rechte Radsatz werden jeweils über einen eigenen Motor mit elektronischem Drehzahlsteller angetrieben. Somit verfügt das Modell über eine große Wendigkeit. Nicht genug damit, kann der KAIMAN 6 x 6 wie gesagt auch im Wasser fahren. Dabei funktionieren Antrieb und Lenkung sinngemäß wie an Land, der Vortrieb erfolgt also auch im Wasser über das Reifenprofil, somit sind weder ein Schiffspropeller noch ein herkömmliches Ruder erforderlich.

Teile zum Aufbau des Wannenchassis

DER AUFBAU VON RC-TRUCKS

Zur Steuerung des Modells wird eine 2-Kanal-Fernsteueranlage in Verbindung mit dem CONRAD-2-Kanal-Kreuzmischermodul (Best.-Nr. 22 52 31-31) benötigt. Damit werden die beiden Motoren bei Geradeausfahrt mit gleicher Drehzahl, bei Kurven mit unterschiedlicher Drehzahl angesteuert.

Der Baukasten (Best.-Nr. 23 14 80-31) enthält ein tiefgezogenes Wannenchassis, dicht verschraubte Kunststoff-Achsträgerplatten, 6 Stahlachsen, Antrieb der Achsen über jeweils zwei Zahnriemen, zwei zweistufige Stirnradgetriebe, sechs speziell profilierte Hohlkammer-Ballonreifen, Abdeckung zum spritzwasserdichten Verschließen der Wanne, unlackierte Karosserie, Innenausbau für Fahrerkabine, Dekorbogen, zwei Elektromotoren, zwei elektronische Drehzahlsteller und eine Aufbauanleitung.

Einbau der Achsen und Laufrollen in die Wanne. Die Antriebsriemen werden aufgezogen

Zusammenbau der Getriebe

Begonnen wird mit dem Ausbau der Chassiswanne. Zunächst sind die in der Zeichnung auf Seite 4 der Bauanleitung eingezeichneten Bohrungen in die Wanne 1, in die Auflagen der RC-Einbauplatte 1.2 und in den Chassisrahmen 1.3 einzubringen. Dazu sind die Achsträgerplatten 1.6 am Chassis anzupassen und die Löcher zu bohren. Die Auflagen für die RC-Einbauplatte sind 30 mm vom hinteren Innenrand mit Sekundenkleber beidseitig in die Wanne zu kleben. In die beiden Achsträgerplatten sind die sechs Kugellager, die zwei Gegenlager und die sechs Bundlager einzudrücken. Anschließend werden die beiden Achsträgerplatten links und rechts an die Wanne angeschraubt. Zuvor sind die Randkanten der Achsträgerplatten mit Silikon zu bestreichen, um sie gegen das Wannenchassis wasserdicht abzudichten, denn schließlich soll der KAIMAN später ja auch im Wasser fahren. Ich empfehle, mit dem Ankleben des Chassisrahmens 1.3, der laut Bauanleitung jetzt auf dem Wannenchassis angeklebt werden soll, noch zu warten, denn er stört bei der weiteren Montage der Antriebseinheit.

Beim Zusammenbau der Achsen muss man sich genau nach den Abbildungen in der Bauanleitung richten. Es sind jeweils zwei gleiche Achsen mit den entsprechenden Zahnrädern herzustellen. Der Einbau in das Chassis erfolgt nach der Zeichnung auf Seite 6 der Bauanleitung. Genau hinsehen, denn die Achsen werden seitenverkehrt links und rechts eingesetzt!

DER AUFBAU VON RC-TRUCKS

Einbau der Getriebe in die Wanne

Auf die sechs Achsen sind die Felgenaufnehmer 2.10 aufzuschrauben und die vier Zahnriemen sind aufzuziehen. Die Getriebegehäuse werden entsprechend der Zeichnungen auf Seite 8 der Bauanleitung zusammengebaut und die Motoren angeschraubt. Die Befestigung erfolgt auf den Getriebehaltern 3.9. Es ist sehr wichtig, dass die Buchsen 3.1 genau in die Lager des Getriebegehäuses und des Getriebegehäusedeckels eingedrückt werden. Davon hängt es ab, ob sich die Achse mit dem Zahnrad leicht drehen lässt. Mehrmals einpassen und zusammenschrauben, dabei auf Leichtgängigkeit achten. Erst wenn sich die Achse leicht drehen lässt, den Motor anschrauben.

Die beiden fertigen Getriebeeinheiten in die Wanne setzen und die Befestigungslöcher anzeichnen. Die Getriebe aus der Wanne nehmen, die Löcher bohren und die Getriebe wieder einsetzen und am Boden der Wanne anschrauben. Dabei stets darauf achten, dass sich die Achsen leicht drehen lassen. Es kann sein, dass man unter die Getriebehalter kleine ABS-Abfallstücke unterlegen muss, um die erforderliche Leichtgängigkeit zu erhalten. Bei meinem Modell war das notwendig. Bei einem Motor musste ich eine 1 mm starke Platte aus einem ABS-Abfallstück unterlegen. Nachdem die beiden Antriebe eingesetzt sind, einen Probelauf der Motoren durchführen, um zu sehen, ob die Zahnriemen richtig arbeiten und sich alle sechs Achsen drehen.

Laut Bauanleitung sollen nun die Reifen auf die Felgen aufgezogen und die fertigen Räder montiert werden. Davon rate ich im jetzigen Baustadium ab. Zwar kann man die Reifen auf die Felgen aufziehen und fertig machen, doch wenn die Räder jetzt schon montiert werden, muss man das Fahrgestell später aufbocken, wenn die RC-Anlage eingebaut ist und es zur Funktionskontrolle kommt. Das kann man sich ersparen, denn die Achsen laufen frei, wenn das Chassis ohne Räder auf dem Arbeitstisch steht.

Wir kommen jetzt zum Einbau der RC-Anlage auf der RC-Aufbauplatte 5.5, wie auf Seite 12 der Bauanleitung gezeigt. Dort wurde jedoch vergessen, dass außer den beiden im Baukasten enthaltenen Drehzahlstellern und dem Empfänger noch ein 2-Kanal-Kreuzmischer-Modul benötigt wird. Auf dem Schaltbild auf Seite 18 der Bauanleitung ist dieses aber gezeigt. Dieser Kreuzmischerbaustein wird ebenfalls auf der RC-Aufbauplatte mittels Klebeband befestigt. Dieses Modul wird zwischen den Empfänger und die beiden Drehzahlsteller geschaltet, so wie auf dem Schaltbild der Bauanleitung gezeigt. Dazu werden noch zwei Verbindungskabel benötigt, die selbst

DER AUFBAU VON RC-TRUCKS

Die RC-Anlage wird über dem hinteren Motor auf der RC-Platte eingebaut

Der Chassisrahmen wird angeklebt und die Fahrakkus werden eingesetzt

anzufertigen sind. Sehr wichtig ist, dass diese Kabel und die Drehzahlstellerkabel in die richtigen Buchsen gesteckt werden: Das Kabel vom Kanal 1 des Empfängers ist in die Buchse „A" des Kreuzmischers und das Kabel vom Kanal 2 des Empfängers ist in die Buchse „B" des Kreuzmischers zu stecken. Das ist sehr wichtig, da der Mischer die Signale nacheinander verarbeitet und hierfür die richtige Reihenfolge benötigt! Werden diese beiden Kabel vertauscht, funktioniert die Anlage nicht!

Auf der anderen Seite des Mischers führt der Anschluss „X" zum Drehzahlsteller von Motor 1 und der Anschluss „Y" zum Drehzahlsteller von Motor 2. Die Steuerung des Fahrzeuges erfolgt über die beiden Drehzahlsteller, die die beiden Motoren ansteuern. Da der KAIMAN keine übliche Lenkung hat, werden Kurven mit unterschiedlichen Drehzahlen gefahren. Die Mischfunktion bewirkt, dass bei Bewegen des Sender-Steuerknüppels, z. B. nach rechts, die Drehzahl des rechten Motors verringert, die des linken erhöht wird, wodurch eine Rechtskurve des Modells eingeleitet wird.

Nachdem alle RC-Bauteile eingebaut sind, machen wir eine erste Funktionskontrolle. Da wir die Räder noch nicht anmontiert haben, drehen sich die Achsen frei und wir brauchen das Fahrgestell nicht aufzubocken. Beim Bewegen des Gasknüppels

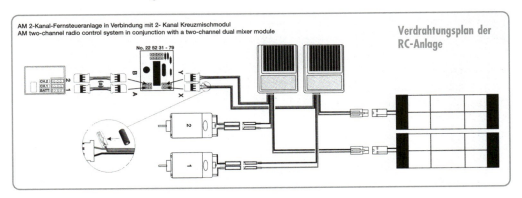

Verdrahtungsplan der RC-Anlage

DER AUFBAU VON RC-TRUCKS

Die Räder werden montiert   Die Karosserie wird von innen bemalt

nach vorne müssen sich die Achsen so drehen, dass das Modell nach vorne fährt. Wird jetzt bei gehaltenem Gasknüppel der Steuerknüppel nach rechts bewegt, laufen die linken Achsen mit höherer Drehzahl als die rechten und umgekehrt.

Funktioniert alles, wird die Akkuschale 5.2 mittels Klebeband am Boden des Chassis befestigt, der Chassisrahmen 1.3 kann jetzt aufgeklebt werden. Die Kugelschnapper 7.2 sind in die Karosserie-Abstandsbolzen 1.4 einzusetzen und die ABS-Halteleisten 6.1 und 6.2 werden am Chassisrahmen angebracht. Wie sich später beim Aufsetzen der Karosserie gezeigt hat, drehen sich die Kugelschnapper in den Abstandsbolzen beim Einschrauben der Karosserie-Befestigungsschrauben durch, so dass ich sie mittels Sekundenkleber einkleben musste. Es ist demnach ratsam, dieses Verkleben gleich beim Einsetzen zu tätigen. Der Innenausbau 6.4 wird durch die Halteleisten festgehalten. In diesem Baustadium können jetzt auch die Räder

Das fertige Modell KAIMAN 6 x 6

DER AUFBAU VON RC-TRUCKS 3

Das fertige Modell KAIMAN 6 x 6

montiert werden, denn sie stören nicht mehr beim Aufbauen der anderen Teile. Die beiden 6-zelligen Akkus (7,2 Volt) können jetzt eingesetzt werden, sie sind mit den Drehzahlstellern zu verbinden und der Sender ist einzuschalten. Einer ersten Probefahrt im Zimmer steht nun nichts mehr im Wege, aber Vorsicht, der KAIMAN ist ganz schön rasant unterwegs!

Zu den letzten Arbeiten gehört das Bemalen der Karosserie, das von innen erfolgt. Vorher sind die Lackiermasken innen anzukleben, die nach dem Lackieren wieder abgenommen werden. Nachdem die Karosserie fertiggestellt ist und auch die Aufkleber angebracht sind, können wir sie auf das Fahrgestell setzen und mit den drei Befestigungsschrauben 7.3 festschrauben. Damit ist der KAIMAN fertig für die ersten Fahrversuche im Freien. Da das Modell keine herkömmliche Lenkung besitzt, ist das Fahren gewöhnungsbedürftig. Für die ersten Übungsfahrten sollte man sich daher einen größeren freien Platz suchen, bevor es das erste Mal ins schwierige Gelände geht.

Technische Daten KAIMAN 6 x 6

Länge: 420 mm, Breite: 320 mm, Höhe: 210 mm,
Raddurchmesser: 125 mm, Achsabstand: 134 mm,
Radstand: 260 mm

3 DER AUFBAU VON RC-TRUCKS

Baukasteninhalt

3.12 SCANIA R470

Bei diesem Modell der Fa. TAMIYA handelt es sich um den Nachbau des Gewinners des „Truck of the Year"-Award aus dem Jahr 2005.

Als der Baukasten des SCANIA R470 bei mir ankam, war ich von der Aufmachung und der Qualität der darin liegenden Bauteile begeistert. Sofort ging es ans Auspacken und Sortieren der einzelnen Päckchen mit den verschiedensten Schrauben und Muttern, dann konnte die Arbeit beginnen.

Der Bausatz enthält das Polystyrol-Fahrerhaus, Aerodynamikpaket, originalgetreue Innenausstattung, Aluminium-Leiterrahmen mit Kunststoffverstärkungen, Hinterachse mit Metallkegelrädern, Metallkegelrad-Differenzial, Dreigang-Schaltgetriebe, Sattelplatte, Blattfederpakete mit Federbeinen an Vorder- und Hinterachse, Aluminium-Vorderachse, Antriebswelle und den 540er-Elektromotor. Ein elektronischer Drehzahlsteller muss separat angeschafft werden.

Die Kleinteile werden in Kästchen gelegt und stehen griffbereit auf dem Arbeitstisch, die größeren, an den Spritzgussästen hängenden Kunststoffteile, bewahrt man im Verpackungskarton auf. Zum Fernsteuern des Modells werden drei Kanäle benötigt, so dass wir uns eine 4-Kanal-Anlage mit zwei Servos und einem elektronischen Dreh-

DER AUFBAU VON RC-TRUCKS 3

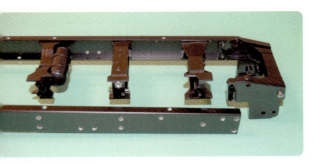

Zusammenbau des Fahrzeugrahmens

Einbau der Vorderachse mit Blattfederung am Fahrgestellrahmen

Einbau des Differenzialgetriebes in das Getriebegehäuse

zahlsteller besorgen müssen. Gleich zu Baubeginn werden die beiden Servos für Lenkung und Schaltgetriebe benötigt. Aus den Abbildungen der Baustufen 1 und 2 der Bauanleitung geht hervor, wie die Servos vorzubereiten und an die Halterungen Q6 und Q2/Q8 anzuschrauben sind. Zuvor muss man sie in die Neutralstellung bringen.

Im nächsten Arbeitsgang, Baustufe 3, wird der Fahrzeugrahmen zusammengebaut. Zunächst legt man sich die Bauteile MA19, MA20, MA21, P6 (je 2 x) und Teil C15 zurecht und schraubt sie jeweils an die rechte und linke Metallschiene an. Die Metallschienen sind mit „R" für rechts und „L" für links bezeichnet. Es folgen die Querstreben C2, Q14, C1, C19 und C20 mit den Teilen Q9, D2 und D3, die zunächst an die rechte Metallschiene anzuschrauben sind. Erst danach wird die linke Metallschiene dagegen geschraubt. Auch das Schaltservo für das Dreigang-Schaltgetriebe ist jetzt einzusetzen und am Rahmen festzuschrauben. Das Rahmengestell ist damit fertig und das Lenkservo kann an der linken Metallschiene angebracht werden.

Es geht weiter mit den Baustufen 6 bis 9, dem Zusammensetzen der Stoßdämpfer und dem Einbau der Vorderachse am Fahrzeugrahmen. Die Vorderachse wird von den Blattfedern und zwei Stoßdämpfern getragen. Die beiden Achsschenkel E8 und E9 werden in die Vorderachse eingesetzt, das Lenkgestänge verbindet beide Achsschenkel. Die Verbindung vom Lenkservo zum rechten Achsschenkel stellt die kurze Lenkstange her. Wenn alles richtig zusammengebaut ist, bewegen sich die Achsschenkel nach rechts und links, wenn das Lenkservo bewegt wird.

Der Zusammenbau des Differenzialgetriebes erfolgt nach den Baustufen 10, 11 und 12. Zu achten ist auf die richtige Lage der einzelnen Zahnräder und die Anordnung der beiden Ausgleichsachsen „A" und „B". Nach dem Einbau des Getriebes in die

3 DER AUFBAU VON RC-TRUCKS

Einbau des Differenzialgetriebes in den Fahrgestellrahmen

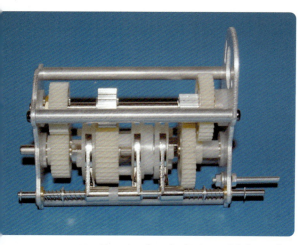

Zusammenbau des Dreigang-Schaltgetriebes

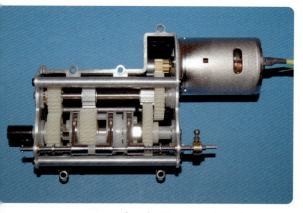

Anbau des Motors an das Schaltgetriebe

beiden Halbschalen des Getriebegehäuses müssen sich die Achsen leicht drehen lassen. Nach Fertigstellung des Differenzialgetriebes wird es zusammen mit den hinteren Blattfedern bestückt (Baustufe 13) und anschließend am Fahrwerksrahmen angeschraubt (Baustufe 14). Bei der Montage darauf achten, dass die Gelenkkapsel MC9 nach vorne zu den beiden Servos zu liegen kommt. Nachdem die beiden hinteren Stoßdämpfer angebracht sind (Baustufe 15), ist der Fahrgestellrahmen fertig und kann zunächst beiseite gelegt werden.

Beim Zusammenbau des Dreigang-Schaltgetriebes (Baustufen 16 bis 22) ist genau auf die Reihenfolge der auf die Getriebewellen aufzuschiebenden Zahnräder zu achten. Es sind zwei unterschiedliche Getriebewellen herzustellen: MD18 und MD19. Bei den einzelnen Zahnrädern ist die Zähnezahl angegeben. Im Zweifelsfall sind die Zähne abzuzählen, damit man kein Zahnrad an einer falschen Stelle einbaut. Auf die Schaltstange sind die drei Schaltscheiben MD16 aufzuschieben. Plattenhalterungen MD9, Getriebewellen und Schaltstange werden anschließend in den Getriebedeckel „A" (MD21) eingesetzt. Auf der gegenüberliegenden Seite sorgt dann der Getriebedeckel „B" (MD20) für eine stabile Halterung. Es folgt der Anbau des Motors. Er wird am Getriebedeckel „A" angeflanscht, nachdem das Ritzel MD10 auf die Antriebswelle montiert wurde. Danach erfolgt der Einbau des Schaltgetriebes in das Getriebegehäuse.

Den Einbau des Dreigang-Schaltgetriebes in den Fahrgestellrahmen zeigt die Abbildung im Bauabschnitt 23 der Bauanleitung. Durch leichtes Kippen des

DER AUFBAU VON RC-TRUCKS

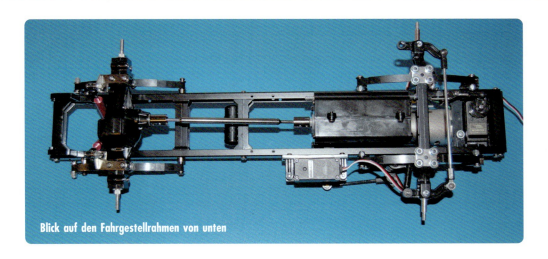
Blick auf den Fahrgestellrahmen von unten

Getriebegehäuses lässt sich das Gehäuse leicht zwischen die beiden Metallschienen einsetzen und festschrauben. Bevor die vier Schrauben jedoch festgezogen werden, muss die Kardanwelle MD22 zwischen Dreigang-Schaltgetriebe und Differenzialgetriebe eingesetzt werden, denn später ist das nicht mehr möglich. Nun ist nur noch die gebogene Schaltstange MD8 zwischen Schaltgetriebe und Servohebel des Lenkservos einzusetzen.

Die Abbildungen der Baugruppe 24 zeigen den Zusammenbau der Sattelkupplung. Die Sperre E3 wird auf die Kupplungsplatte „A", ME17, geschraubt, sie muss sich leicht bewegen lassen. Danach wird die Kupplungsplatte „A" auf die Kupplungsplatte „B", E10, aufgesetzt und festgeschraubt. Eine Feder hält die Sperre E3 in der Sperrlage, die durch Betätigung der Gewindestange ME4 entsperrt wird. Die fertiggestellte Sattelkupplung wird auf der Trägerplatte Q3 festgeschraubt und auf dem Fahrgestellrahmen aufgeschraubt. Der Entkupplungshebel ist zusammen mit der Platte P4 ebenfalls auf dem Fahrgestellrahmen aufzuschrauben. Ebenfalls am Fahrgestellrahmen werden die vier Halterungen 3 x ME14 und 1 x ME15 für die Seitenverkleidungen mit jeweils zwei Schrauben befestigt. Die genaue Lage ist auf der Abbildung der Baustufe 26 zu sehen. Besonders ist auf die Halterung ME15 zu achten, die vorne auf der linken Seite des Fahrgestellrahmens anzuschrauben ist!

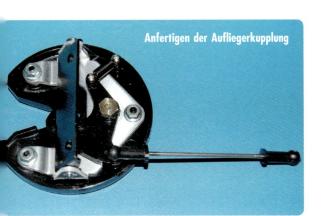
Anfertigen der Aufliegerkupplung

Der elektronische Drehzahlsteller wird zusammen mit dem Schalter für die Fernsteueranlage am Tankteil Q1 befestigt und mit dem Batteriehalter verschraubt. Auf der gegenüberliegenden Seite ist der zweite Tank Q12 am Batteriehalter festzuschrauben. Diese so vorbereitete Baueinheit wird

3 DER AUFBAU VON RC-TRUCKS

Einbau der beiden Tanks und des Drehzahlstellers auf der Akkubox

unterhalb des Fahrgestellrahmens befestigt (Baugruppen 27 und 28). Die Baugruppen 29 und 30 zeigen den Zusammenbau der Rücklichter und deren Montage am Fahrzeugrahmen.

Bevor es mit dem Bau weitergeht, sind die Bauteile, H2, H3, K2, K5 und der vordere Stoßfänger mit schwarzer Farbe zu lackieren. Die Seitenverkleidungen H2 und H3 werden anschließend am Fahrzeugrahmen an den Befestigungswinkeln festgeschraubt (Baugruppe 31). Die hinteren Kotflügel P1 und P2 sind am Fahrzeugrahmen festzuschrauben (Baugruppe 32). Der rechte vordere Kotflügel W2 wird mit dem Bauteil K2 und der linke Kotflügel W1 wird mit dem Bauteil K5 verklebt. Beide Kotflügel sind anschließend auf der Platte P5 aufzuschrauben. Diese Baugruppe wird dann über dem Motor auf dem Fahrgestell festgeschraubt (Baugruppen 33 und 34). Auf der Platte P5 ist die kleine Platte P3 zu befestigen, auf der der Empfänger mit Klebeband aufgesetzt wird. Nachdem die Kabelverbindungen der beiden Servos und des Drehzahlstellers in die Empfängerbuchsen eingesteckt wurden, muss nur noch der Fahrakku angeschlossen werden, um einen ersten Funktionstest durchzuführen. Dann sind auch die Baugruppen 35, 36 und 37 fertiggestellt. Zur Überprüfung der Funktionsweise des Dreigang-

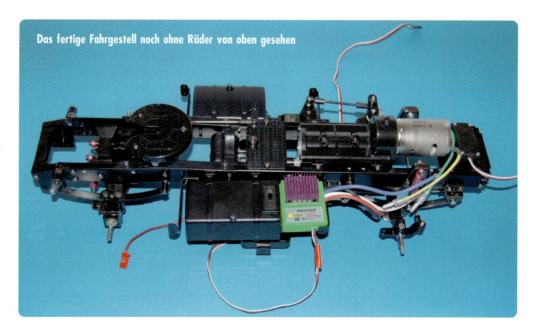

Das fertige Fahrgestell noch ohne Räder von oben gesehen

DER AUFBAU VON RC-TRUCKS

Aufbau des Fahrerhauses und des Spoilers   Das fertige Fahrerhaus

Schaltgetriebes wird das Fahrgestell umgedreht, so dass wir das Schaltgestänge des Schaltgetriebes sehen können. Auf Seite 19 der Bauanleitung sind aus der Zeichnung die richtigen Einstellungen für den 1., 2. und 3. Gang zu sehen. In der Neutralstellung ist stets der 2. Gang eingelegt, beim 1. Gang wird die Stange des Schaltgetriebes ganz herausgezogen, beim 3. Gang ganz hineingeschoben.

Funktioniert alles zufriedenstellend, sind die Räder zusammenzubauen und am Fahrgestell zu montieren. Achten Sie darauf, dass die beiden Vorderräder etwas andere Felgen haben als die Hinterräder. Nach dem Aufziehen der Gummireifen auf die Felgen sind diese mindestens an einer Stelle mit Sekundenkleber zu fixieren, damit sie nachher beim Fahren nicht auf den Felgen rutschen (Baugruppen 38 und 39).

Der Fahrakku wird eingelegt

DER AUFBAU VON RC-TRUCKS

Das fertige Modell SCANIA R470

Das Fahrerhaus lässt sich nach vorne kippen

Wir kommen zum Zusammenbau des Fahrerhauses. Auch hier ist es vorteilhaft, die einzelnen Teile schon zu lackieren, bevor sie zusammengesetzt werden. Das Fahrerhaus besteht aus der Kabine, dem Dach und dem Spoiler (Baugruppen 40 bis 50). Zunächst sind die beiden Rückspiegel anzufertigen und zusammen mit den Seitenfenstern einzubauen. Auch die Frontscheibe kann bereits eingesetzt werden. Anschließend ist das Kabinendach aufzuschrauben. Beim Anbringen der Scharniere zum Abklappen des Fahrerhauses genau auf die Zeichnung auf Seite 23 der Bauanleitung achten und die richtige Reihenfolge der Montage einhalten! Der Spoiler wird aus den Bauteilen F2 und L11 zusammengesetzt und auf dem Kabinendach befestigt. Das Armaturenbrett und die Sitze werden zunächst bemalt und dann in das Fahrerhaus eingebaut. An der Vorderfront werden der Kühlergrill und die beiden Scheibenwischer eingesetzt und festgeschraubt. Nun kann das Fahrerhaus am Fahrgestell befestigt werden. Die Scharniere erlauben ein Abklappen des Fahrerhauses nach vorne. Damit es nicht ganz nach vorne kippt, sorgt die Haltestange dafür, dass es in einer Kipplage von etwa 45 Grad festgehalten wird. Die Halterungen für die Haltestange sind im Fahrerhaus selbst und auf der Platte P5 zu befestigen, siehe dazu Seite 24 der Bauanleitung.

Jetzt sind nur noch die Lampenhalterungen in den vorderen Stoßfänger einzubauen und der Stoßfänger selbst wird am Fahrgestell angebracht. Als letzte Arbeit ist die Sonnenblende S1 am Kabinendach anzukleben und die Antenne einzusetzen. Der SCANIA-Truck ist fertig und die Erprobung kann beginnen.

Technische Daten SCANIA R470
Länge: 450 mm, Breite: 230 mm, Höhe: 285 mm
Radstand: 150 mm, Raddurchmesser: 85 mm

4. Hersteller

Die allermeisten Truckmodelle werden aus Baukästen der Modellbaufirmen WEDICO, TAMIYA, robbe und neuerdings auch GRAUPNER gebaut. Sollen die Modelle später nach eigenen Ideen ausgebaut oder umgebaut werden, sind Truckmodellbauer aber auf spezielle Zuliefer-Firmen angewiesen, wenn sie nicht gerade in oder in der Nähe von Großstädten wohnen, um an die Materialien, Bauteile und Bausätze heranzukommen, die sie für den Bau ihrer Modelle nach eigenen Vorstellungen benötigen. Aber selbst in Großstädten wird es oft schwierig sein, Spezialbauteile zu bekommen, wie sie nun mal zum Bau von Truckmodellen benötigt werden. In diesem Abschnitt stelle ich außer den bereits erwähnten Firmen weitere Hersteller vor, die sich auf diesem Gebiet spezialisiert haben und Bauteile, Baumaterialien usw. für Trucks herstellen und liefern.

Graupner GmbH & Co. KG, Postfach 1242,
73220 Kirchheim/Teck,
www.graupner.com und www.graupner.de

Die Firma Graupner, hauptsächlich bekannt geworden durch Baukästen für Flug- und Schiffsmodelle, stieg erst vor kurzer Zeit in den Truckmodellbau ein und dies gleich mit dem High-Tech-Modell Zweiachs-Dreiseitenkipper-MAN-TGA im Maßstab 1:14,5 (siehe dazu den Abschnitt 3.9).

Außerdem sind noch folgende Bausätze im Programm:

LIEBHERR Hydraulik-Radlader L 574 im Maßstab 1:15
BELL B35C 6 x 6 Hydraulik-Muldenkipper im Maßstab 1:15
Laderaupe im Maßstab 1:14,5
Raupenlader im Maßstab 1:10

WEDICO TECHNIK GMBH, Wachtburgstraße 21,
42285 Wuppertal, Tel. 0202/266000

Die Firma WEDICO wurde am 01. Juni 1893 als „Wesenfeld, Dicke & Co" gegründet und produzierte bis Ende 1980 NE-Metalle überwiegend für die Druckindustrie. Im Rahmen technischer Veränderungen in dieser Branche, bedingt durch das Ende des Bleisatzes, verlor WEDICO wichtige Absatzmärkte. Daher begann schon 1975 die Suche nach neuen Produkten für bislang unbekannte Märkte. Durch intensive Marktforschung wurde die faszinierende Idee vom Truckmodellbau geboren. Da die Firma von NE-Metallen etwas verstand, mussten die Modelle natürlich aus Metall sein. Aluminium und Edelstahl kommen dabei besondere Bedeutung zu. Damit dieses Hobby auch richtig umgesetzt werden konnte, wurde von den WEDICO-Konstrukteuren die Systembauweise entwickelt.

Der Bau von Truckmodellen aus WEDICO-Baukästen wurde in den Abschnitten 3.6, 3.7 und 3.8 beschrieben.

HERSTELLER

robbe Modellsport GmbH & Co. KG, Postfach 11 08, 36352 Grebenhain, Tel. 06644/87-0, Fax 06644/7412

Die Firma robbe entwickelte die „Cargo-Serie", in der Baukästen für die verschiedensten Nutzfahrzeuge angeboten werden. Als Beispiel nenne ich den MAN F2000 Evolution, der im Abschnitt 3.1 und den SCANIA R164L, der im Abschnitt 3.2 behandelt wurde. Wie zu der SCANIA-Zugmaschine ein Flachbett- oder Containerauflieger aufgebaut werden kann, wurde im Abschnitt 3.3 beschrieben.

TAMIYA. DICKIE-TAMIYA Modellbau GmbH+Co. KG, Werkstraße 1, 90765 Fürth, Tel. 0911/976503, Fax 0911/9765212

Die Programmpalette der Firma TAMIYA bietet außergewöhnlich detaillierte US-Trucks inklusive 3-Achs-Fahrgestell mit den Klassikern KING HAULER und GLOBE LINER sowie dem modernen FORD AEROMAX. Neuerdings kam der KNIGHT HAULER dazu, der im Abschnitt 3.4 beschrieben ist. Die europäischen Modelle bilden zwei Mercedes Benz-Lkw, der MB 1850 L als Kofferzugmaschine und der MB 1838 LS, dessen Bau im Abschnitt 3.5 beschrieben wurde.

CONRAD ELECTRONIC, Klaus-Conrad-Straße 1, 92240 Hirschau, Tel. 0180/31 21 11, Fax 0180/31 21 10

Die Firma CONRAD hat die meisten TAMIYA-Baukästen in ihrem Programm, weiter liefert die Firma Spezialteile für den individuellen Truckmodellbau. Aus Elektronik-Bausätzen von CONRAD lassen sich viele verschiedene optische und akustische Module für Trucks zusammenbauen. Mit dem Raupenfahrzeug CATWIESEL, beschrieben im Abschnitt 3.10, gelingt der Einstieg in den Bau von Kettenfahrzeugen. Im Abschnitt 3.11 wird das Amphibienfahrzeug KAIMAN 6 x 6 beschrieben, das CONRAD auch in seinem Programm führt.

Damitz Modelltechnik, Großmannswiese 20, 65594 Runkel, Tel. 06431/973710, Fax 06431/973711, www.damitz-modelltechnik.de

Die Firma Damitz beschäftigt sich seit gut 30 Jahren mit der Entwicklung der Miniatur-Hydraulik für den Modellbau, denn Hydraulik ist aus dem Fahrzeugbau nicht mehr wegzudenken. In Kippern, Radladern und Baggern ist sie die treibende Kraft. Die Mini-Hydraulik ist speziell für den Modellbau konzipiert, Modelle können damit vorbildgetreu über Hydraulikzylinder, Hydromotoren und Schwenkgetriebe bewegt werden. Dadurch entfallen aufwändige Getriebe und Betätigungsgestänge. Mit Hydromotoren sind Drehbewegungen feinfühlig steuerbar und die Schwenkantriebe ergeben bei begrenztem Schwenkwinkel eine kompakte Antriebseinheit. Mit der Pumpeneinheit können mehrere Funktionen betrieben werden. Die Steuerung erfolgt über Mehrwegeventile, entweder manuell oder mittels eines angesteckten Steuerservos. So lassen sich in Modellen verschiedene Funktionen vorbildgetreu realisieren, wie Heben, Drehen, Schwenken, Lenken usw.

Eine weitere Entwicklung der Firma Damitz sind Antriebskomponenten für den Maßstab 1:14,5. Es handelt sich um ein modulares System, in dem alles vereint ist, was zur Erstellung eines Fahrwerkes notwendig ist. Vom Rahmen über Achsen, Federn, Aufhängungen bis hin zu Getrieben, Kardanwellen, Naben und Reifen.

Für den Funktionsmodellbau wurden Achsen entwickelt, die technisch und optisch den Anforderungen entsprechen und sich mit den Federn, Getrieben und Kardanwellen zu kompletten Antriebssträngen aufbauen lassen. Die Antriebsachsen sind komplett aus hochfestem Aluminium gefräst und haben bereits alle Aufhängungspunkte und Gewinde für die verschiedenen Federsysteme. Die Achsen sind wälzgelagert. Mit dem integrierten Vorgelege ergibt sich eine Gesamtübersetzung von 4:1. Das Drehmoment am Achseingang wird gering gehalten und das Abtriebs-Moment wird erst in der Achsnabe aufgebaut. Die Ausgangswellen haben einen Durchmesser von 6 mm und sind aus geschliffenem hochfesten Stahl gefertigt. Bei den Achsen mit Durchtrieb geht die Vorgelegewelle über den Differenzialkorb hinweg an die Rückseite der Achse. Die nachfolgende Achse hat damit die gleiche Antriebsdrehrichtung, es entsteht also kein Giermoment zwischen den Achsen.

An den Vorderachsen lässt sich das Lenktrapez entsprechend dem Radstand einstellen. Das Fahrzeug läuft in Kurven leichter und ist besser lenkbar. Es gibt Achsen für Zwei- und Vierfachfahrgestelle.

Für Modellfahrzeuge wurde auch noch ein 2-Gang-Schaltgetriebe entwickelt. Dessen Aufbau ist sehr kompakt und es eignet sich damit auch für den Unterflureinbau. Ein 8-poliger Motor in Industriequalität ist bereits angeflanscht. Das Getriebe ist ganz aus Metall als Planetengetriebe aufgebaut.

Die Mini-Hydraulik der Firma Damitz ist in vielen Modellen wie Radlader, Bagger, Kipper, Absetzkipper, Abrollkipper, Dumper, Ladekränen und Autokränen erfolgreich im Einsatz.

Im Lieferprogramm der Firma Damitz finden sich ferner noch drei Montagebausätze:

1. Radladermodell Zettelmeyer ZL4001 im Maßstab 1:14,5.

Der Radlader ist als Funktionsmodell konzipiert, ganz aus Metall gefertigt und entspricht in seinem Äußeren einem Zettelmeyer ZL4001. Durch einen hohen Vorfertigungsgrad ist ein problemloser Aufbau gewährleistet.

2. Kippmulde 3-Achser-Hinterkipper im Maßstab 1:14,5.

Die Halbschalenmulde in Verbindung mit einer Kippmechanik ist eine kompakte und stabile Lösung für einen Hinterkipper. Der Kipperaufbau besteht aus einem Hilfsrahmen, der Halbschalenmulde mit Heckklappe, der Kippmechanik mit doppelt wirkendem Zylinder, einer Pumpe und einem Wegeventil mit Mikroschalter. Pumpe und Wegeventil sind auf dem Hilfsrahmen befestigt.

3. Hydraulikbagger RH6-PMS im Maßstab 1:14,5

Der Modellbagger ist in seinem Äußeren einem RH6-PMS nachempfunden und besteht ganz aus Metall. Der vollhydraulische Antrieb gewährleistet eine definierte Begrenzung von Kräften und Momenten. Damit ist das Modell bei Fehlbedienung vor Beschädigung geschützt. Mit dem Modell kann im Gelände „richtig" gebaggert werden.

HETTMO, Peter Hettenkofer, Moosburger Str. 37, 85459 Berglern, Tel. 08762/3337, Fax 08762/724582, www.hettmo.de

Hettmo-Produkte sind nicht für die Serienfertigung ausgelegt, sondern für exklusive Kleinserien von Truckteilen im Maßstab 1:16 bzw. 1:14,5. Die gefertigten Teile sind für WEDICO-Modelle passend.

Neben vielen Kleinteilen, die hier nicht alle aufgeführt werden können, fertigt die Firma Hettmo Alu-Vorderachsen, die aus Vollmaterial gefräst sind (kein Guss). Die Vorderachsmontage am Fahrzeug erfolgt mit Gewinden in der Achse, dadurch entfallen Muttern. Die Kugelköpfe bestehen aus Aluminium, die Lagerung der Schenkel erfolgt in Sinterbuchsen. Das Lenkservo geht bei Bodenunebenheiten mit der Achse mit, dadurch gibt es keine Lenkverzerrungen, was der Spurtreue und Lenkgenauigkeit zu Gute kommt.

Weiter fertigt HETTMO Pendelachsaufhängungen für zwei Achsen, deren Befestigung ohne Bohren erfolgt. Die Achshalter werden mit einer Klemmleiste in den WEDICO-Profilrahmen eingeklemmt und können somit jederzeit verschoben bzw. komplett abgenommen werden. Damit ist eine genaue Positionierung möglich.

LEIMBACH Modellbau+Elektronik, Im Winkel 5, 49191 Belm, Tel. 05406-9510, Fax 05406/9628

STAHL modellbau, Rüsdorfer Straße 22, 25746 Heide, Tel. 0481/3488, Fax 0481/87114

Beide Firmen sind Partner und geben einen gemeinsamen Modellbaukatalog heraus. Die Firma LEIMBACH fertigt Hydraulikteile wie Pumpen, Steuerventile, Zylinder, Abrollaufbauten, Klappladekran und Felgen, die Firma STAHL bietet Modellbausätze wie Radlader, Dumper, Raupen, Achsen, Gelenke und Getriebe für den Maßstab 1:14,5 an. Hauptsächlich geht es bei den angebotenen Modellen und Bauteilen um Baumaschinen.

Eines der erfolgreichsten Modelle der Firma LEIMBACH ist der Modell-Hydraulikbagger „Liebherr 922" mit Kettenfahrwerk, der seit über 10 Jahren als Fertigmodell geliefert wird, aber auch als Bausatz zu beziehen ist. Die Bauteile bestehen komplett aus Metall und sind auf modernsten CNC-Maschinen gefertigt. Das gewährleistet höchste Qualität und Passgenauigkeit. Alle Bauteile sind fertig vorgearbeitet. Zur Montage wird nur noch Standardwerkzeug benötigt. Im Bausatz enthalten sind alle zur Erstellung des Modells erforderlichen Bauteile, außer Servos, Akku, Fernsteuerung und

Sonderzubehörteilen. Zum Lieferumfang gehört die komplette Hydraulikanlage mit einer Pumpeinheit, Steuerventilblock, vier Hydraulikzylindern, Schlauchleitungen, Verteiler und Befestigungsteilen. Ebenfalls zum Lieferumfang gehört die Elektrik mit Schalter, Ladebuchsen, allen Elektromotoren, Ketten-Drehzahlsteller und Schwenkregler mit Bremsfunktion.

Weiter im Programm sind folgende Modelle: Radlader, Laderaupe, Planierraupe, 3-Zahn-Heckaufreißer, Dumper, Dreiseitenkipper, Holzladekran. Neu im Programm ist ein Mobilbagger und Zubehör.

Der ausführliche Katalog der beiden Firmen bietet eine Fülle von Einzelteilen und Spezialteilen.

BRAND-Modellbau, Schillerstraße 3, 6765 Waldsee, Tel. 06236/51250

Die Firma BRAND liefert Zubehörteile für den Truckmodellbau und Fertigmodelle. Nach erfolgter Verlegung und deutlicher Vergrößerung der Betriebsräume ist es möglich geworden, eine neue Produktschiene anzubieten. Dieses neue Konzept ermöglicht es, einem anspruchsvollen Kundenkreis Nutzfahrzeugmodelle der Premiumklasse als Bausatz anzubieten. Alles was bisher nur als Komplettmodell in aufwändiger Einzelanfertigung realisiert werden konnte, kann nun als hochwertiger Bausatz geordert werden. Sämtliche Artikel dieser neuen exklusiven Produktschiene werden unter dem Namen ScaleART vertrieben. Diese Produkte können ausschließlich bei der Firma BRAND-Modellbau sowie über den ausgesuchten Fachhandel bezogen werden.

Truckmodellsport HAFNER, Ottersheimer Str. 14, 76877 Offenbach/Queich, Tel. 06348/610690, Fax 06348/610691, www.truckmodellsport.de

Die Firma Modellsport Hafner ist ein spezialisiertes Fachgeschäft für den Truckmodellsport. Modelle und Montagesätze für den Truckmodell-Fan aber auch für Einsteiger werden in den Maßstäben 1:12 bis 1:16 angeboten. Dazu kommt ein reichhaltiges Angebot an Ersatz- und Zubehörteilen. Aus eigener Herstellung werden mehrere Exoten angeboten, wie z. B. Trial-Lkw und der URAL-Trial-Truck, um nur einige zu nennen.

Der Materialsatz für den URAL-Truck 6 x 6 im Maßstab 1:14 umfasst folgende Teile:

GfK-Fahrerhaus mit Anbauteilen wie Stoßstange, Scheinwerfer, Spiegel, Scheiben, Wischer und Türgriffe. Lackierter Stahl-Überrollkäfig mit Befestigungsmaterial. Dreiachs-Fahrgestell aus TAMIYA-Lkw-Achskomponenten mit Blattfederpendelachse, angetriebener TAMIYA-Lenkachse und Ausgleichskardanwellen aus Metall, robbe-Panther-Felgen mit Spezial-Vollgummi-Trial-Geländereifen, gesperrtes robbe-Verteilergetriebe mit Stahluntersetzungszahnrädern und 500er-Graupner-Getriebemotor mit 3:1-Untersetzung, dazu gehört auch der Pritschenaufbau aus Aluminium/ABS-Rohmaterial mit Anbauteilen.

HERSTELLER

Ein weiteres Modell ist der TRIAL-TRUCK 4x4. Er ist ausgestattet mit kugelgelagerter Vorderachse und Hinterachse, kugelgelagertem Verteilergetriebe mit starrem Durchtrieb, Alu-Rahmen, ABS-Fahrerhaus mit allen Anbauteilen, Motor (SPEED 600) mit 3:1-Untersetzungsgetriebe, Alu-Motorträger, Hohlkammerreifen mit Geländeprofil, robuste Kunststofffelgen, solide Dreiecklenker und Zugstreben, Stahl-Antriebswellen, funktionelle Akkubefestigung auf der Hinterachse, ABS-Platten als Basismaterial für den Aufbau und aktive großhubige Schraubenfederaufhängung.

Dieses Truckmodell ist in drei Versionen lieferbar, als Chassisversion, als Fertigmodell und als fahrbereites Fertigmodell.

Neben diesen beiden aufgeführten Truckmodellen liefert die Firma Hafner noch viele weitere Montagesätze, Fahrerhäuser, Fahrgestellzubehör, Zurüstteile, Reifen und Felgen, die hier nicht alle aufgeführt werden können.

Truckmodelle auf der **INTERMODELLBAU** in Dortmund

AUSSTELLUNGEN UND MESSEN

Truckmodelle und Baumaschinen auf der Hamburger Modellbauwelt

5. Ausstellungen und Messen

Da der Modellbau und Modellsport in den letzten Jahren immer beliebter wurde, werden in verschiedenen Städten jährlich Modellbauausstellungen gezeigt. Die alljährlich im April in Dortmund stattfindende INTERMODELLBAU gilt als z. Zt. größte Fachausstellung dieser Art. Weitere Ausstellungen gibt es in Stuttgart, Sinsheim, Bremen, Friedrichshafen, Leipzig, Hamburg, Bremen und Berlin. Dazu kommen noch die vielen regionalen Modellbauausstellungen von Vereinen, Clubs und Interessengemeinschaften, die an den Wochenenden in Schulen, Stadtsälen und Einkaufszentren zu sehen sind. Dieser Trend setzt sich immer mehr fort und das ist gut so, denn nichts ist dem Modellbau und Modellsport förderlicher, als an die Öffentlichkeit zu gehen. Diese Ausstellungen werden nicht nur von Modellbauern besucht, sondern auch von

5 AUSSTELLUNGEN UND MESSEN

vielen anderen Menschen, die von den eigentlichen Interessierten „mitgeschleift" werden. Dies ist oft der Anstoß dafür, sich eines Tages selbst dem großen Kreis der Modellbauer anzuschließen.

Modellbauausstellungen und Messen sind nicht nur dazu da, einem interessierten Publikum die selbstgebauten Modelle zu präsentieren, sie sind auch eine willkommene Gelegenheit, Erfahrungen auszutauschen und mit Gleichgesinnten Kontakt aufzunehmen. Man trifft sich, man fachsimpelt und es werden Pläne für die Zukunft geschmiedet.

Die in diesem Abschnitt gezeigten Fotos wurden auf Ausstellungen und Modellbaumessen gemacht. Sie zeigen die Vielfalt der Fahrzeuge und die zum Teil künstlerische Bemalung der Trucks und Container.

WEDICO-Truck mit Tankauflieger

PETERBILT-Truck im Maßstab 1:16

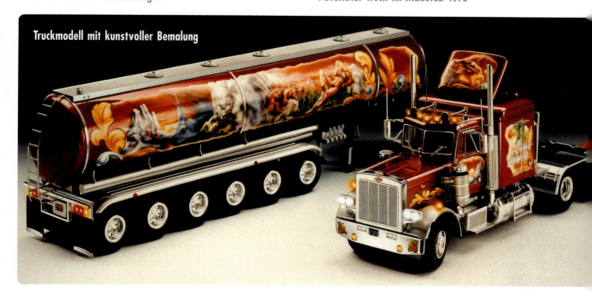

Truckmodell mit kunstvoller Bemalung

AUSSTELLUNGEN UND MESSEN

WEDICO-Truck mit Containerauflieger

KENWORTH-Truckmodell

Ein Großbagger bei der Arbeit

Ein weiteres Truckmodell mit kunstvoller Bemalung

Gesehen auf der INTERMODELLBAU in Dortmund

5 AUSSTELLUNGEN UND MESSEN

SCANIA R470 von TAMIYA

MAN TGA XXL 41.660 8x4/4 von robbe

HANOMAG-Radlader von Graupner

AUSSTELLUNGEN UND MESSEN

Modell PISTENBULLI von Graupner

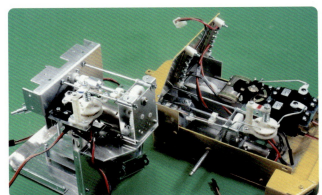

Die technischen Einbauten des HANOMAG-Radladers

Ein LKW nach eigenen Vorstellungen auf Basis eines WEDICO-Modells

AUSTRALIEN – HEIMATLAND DER ROAD-TRAINS

Foto: © Wikipedia

6. Australien – Heimatland der Road-Trains

Da ich mir vorstellen kann, dass viele Truckmodellbauer und Leser dieses Buches auch etwas über die großen Vorbilder und ihre Fahrer erfahren möchten, lasse ich in diesem letzten Abschnitt Herrn Klaus Illner, einen begeisterten Truckmodellbauer und Kenner Australiens, zu Wort kommen.

„Australien ist der einzige Staat der Erde, der gleichzeitig ein Kontinent ist. Mit einer Fläche von 7.682.300 Quadratkilometern, das entspricht etwa der Größe der USA ohne Alaska, ist Australien der kleinste Erdteil. Die größte Nord-Süd-Entfernung beträgt rund 3.900 Kilometer, die größte Ost-West-Tangente 4.500 Kilometer, jeweils Luftlinie.

Die staatlichen australischen Eisenbahnen verfügen über ein Schienennetz von nur 44.000 Kilometern. Als Vergleich: Die Deutsche Bahn unterhält ein Streckennetz von ca. 30.000 Kilometern. Die wichtigsten Eisenbahnverbindungen sind die Strecken Brisbane-Sydney-Melbourne und Sydney-Broken-Hill-Perth.

AUSTRALIEN – HEIMATLAND DER ROAD-TRAINS

Das Straßennetz Australiens hingegen hat eine Länge von 830.000 Kilometern, davon sind aber gerade einmal 20% asphaltiert. Mit über 440 Flugplätzen ergänzen sich Transportmaschinen und Super-Trucks optimal. Es gibt nichts, das nicht irgendwie von einem Standort zum anderen transportiert werden kann.

Jerry Tyrone Malone, der schnellste Trucker der Welt, sagte einmal: „Die Australier sind die besten Trucker der Welt, die langen gnadenlos hin und bleiben auf dem Gas, wenn jeder normale Yankee vom Pedal geht. Diese Jungs sind wirklich harte Highway-Cowboys."

Australien gilt unter den Tierforschern als Kontinent mit den eigenartigsten Tieren. Vom hüpfenden Känguru bis zum drolligen Koala-Bären, vom skurrilen Schnabeltier bis zum rasenden Emu, vom gefährlichen Salzwasser-Krokodil bis zur tödlichen Qualle reicht das Spektrum der exotischen Tierwelt. Australien hat aber noch ganz andere Monster zu bieten, die man sonst auf der Erde nirgends antrifft: Die „Road Trains", Lastzüge, neben denen sich die 40-Tonner aus Europa oder Amerika sehr bescheiden ausnehmen. Ohne die legendären Road-Trains wäre die Versorgung Australiens undenkbar. Ihr Hauptterrain sind aber weder mehrspurige Freeways noch Autobahnen oder ausgebaute Landstraßen, denn die Trucker wuchten ihre bis zu 21 Achsen

Foto: © Wikipedia

6 AUSTRALIEN – HEIMATLAND DER ROAD-TRAINS

Foto: © Wikipedia

und 82 Räder umfassenden Laster durch den Staub des riesigen „Outbacks", wie die Australier das wilde Hinterland jenseits der bewohnten Küstenregion nennen.

König der Road-Trains ist der Cattle-Train, der sich aus einer Zugmaschine, einem aufgesattelten Auflieger sowie zwei auf so genannten „Dollys" aufgesattelten Aufliegern zusammensetzt. Gelten bei uns 18 Meter für einen Hängerlastzug als maximale Zuglänge, so erreichen diese „Straßenzüge" eine Länge von 60 Metern! In jeweils drei Etagen werden auf ihnen 270 Rinder zusammengepfercht, 120 Tonnen lebende Steaks, die in Rekordjagden von riesigen Cattle-Stations zu den Schlachthöfen oder dem Hafen von Darwin verfrachtet werden. Nicht selten sind dabei Strecken von über 2.000 Kilometern zurückzulegen. In den vergangenen Jahren wurden die australischen Road-Train-Trucker zu Helden der Sandpisten hochstilisiert, weil sie die längsten Fuhren auf der Erde kutschieren.

Fotografisch machen die bulligen australischen Zugmaschinen einiges her, da bleibt viel Romantik und die Saga vom eisenharten Überlebenskünstler beim Leser hängen. Wie aber sieht der normale Truckeralltag in Australien wirklich aus?

Wenn z. B. die Fuhre von Sydney im Osten nach Perth im Westen gehen soll, ist eine Strecke von 4.600 Kilometern zu bewältigen. Mit rund 600 km asphaltierten Highways kann der Trucker rechnen, der Rest ist eine tief ausgefahrene Sand- oder Wellblechpiste. Dazwischen noch ein paar höhere Berge, sonst nur Landstriche wie die Great-Viktoria-Desert.

AUSTRALIEN – HEIMATLAND DER ROAD-TRAINS

Foto: © Wikipedia

Wer von Queensland im Nordosten Rinder nach Fremantle fahren muss, ist nicht besser dran. Wüste, Wüste und nochmals Wüste. Basis der Road-Trains sind meist amerikanische Sattelzugmaschinen von International, Ford, Kenworth, Mack, Peterbilt oder White, die in Australien speziell für den harten Wüsteneinsatz präpariert werden. Für ganz besonders extreme Bedingungen baut die australische Firma ATKINSON Cabover-Trucks mit vier und fünf Achsen. Auch die robusten Schweden Volvo und Scania sowie deutsche MAN und Mercedes werden immer häufiger eingesetzt. Auffälligstes Merkmal aller Road-Trains sind die so genannten Cow-Catcher oder Cangeroo-Bumpers. Diese Rammschutze dienen aber nicht etwa nur der Show, sondern sie sind im Outback lebenswichtige Notwendigkeit, um den großen Kühler zu schützen. Denn Kollisionen mit Rindern, Kängurus oder anderen Tieren sind an der Tagesordnung. Mitgefühl für die Tiere kennen die Truckies, wie die australischen Fahrer genannt werden, nicht, denn mit 120 Tonnen Fracht im Genick können sie nicht plötzlich in die Eisen steigen, wenn ein Hindernis auftaucht, das wäre lebensgefährlich. Die größeren Rinderfarmen in Australien können sich von der Fläche her locker mit Kleinstaaten wie Österreich oder der Schweiz vergleichen. Wer 3.500 Rinder sein Eigen nennt, ist dort ein kleiner Rancher, die großen Farmen beherbergen 60.000 bis 80.000 Rinder.

Australien verkauft Fleisch und Milchprodukte in die ganze Welt. Deshalb ist der Transport der schlachtreifen Rinder aus dem Landesinneren an die Küste eine wichtige Sache. Zuerst müssen die Tiere mit Hubschraubern und Cross-Motorrädern zu einem Pool zusammengetrieben werden. Danach wird im Gatter aussortiert und schließlich

AUSTRALIEN – HEIMATLAND DER ROAD-TRAINS

werden die Tiere dann verladen. Jetzt muss die total verängstigte Fracht so schnell wie möglich in die Stadt gefahren werden. 2.000 Kilometer sind zurückzulegen, das entspricht der Entfernung von Norddeutschland nach Sizilien, aber das auf einer gnadenlosen Wellblechpiste. Diese Entfernung wird meistens in 30 Stunden bewältigt, da ist es nicht verwunderlich, wenn Geschwindigkeiten von bis zu 120 km/h gefahren werden. Bei 80 km/h spürt man jede Bodenwelle im Kreuz, bei 100 km/h ist es immerhin noch so ein Gefühl, als wenn man über Kopfsteinpflaster fahren würde, aber bei 120 km/h überfliegt man förmlich die Bodenwellen und das Fahren wird einigermaßen erträglich.

Australiens Laster und Trucker sind wirklich robuste Kerle, aber letztlich ist die Piste immer stärker. Nach einer Kilometerleistung von 400.000 Kilometer bricht der Kasten Stück für Stück auseinander und eignet sich nach einer Überholung nur noch für den Nahverkehr.

Die Geschichte der Cattle-Trains ist auch die Historie der weißen Viehzüchter. Noch heute fahren die Truckies auf den so genannten Beef-Roads der Viehtreiber von einst. Einer von ihnen war Nathaniel Buchanan, ein schottischer Einwanderer, der im Jahr 1878 1.200 Rinder in einem Gewaltmarsch von Queensland nach Darwin trieb. Eine der härtesten Trucker-Routen trägt heute seinen Namen. Schon damals war die Wasserversorgung für die Rinder ein Hauptproblem. Erst das Anlegen einer Kette von artesischen Brunnen ermöglichte die gewaltigen Viehtrecks. Je weiter südlich die australischen Rinderfarmen, die dort übrigens „station" und niemals „ranch" heißen, vordrangen, umso abhängiger wurden sie von den Launen des Wetters. Lange Dürreperioden vernichteten riesige Herden auf ihrem Weg zu den Schlachthöfen an der Nordküste. Entlang des Stuart-Highways entstand daher eine Kette von „stations", die alle von der Kidman-Cattle-Company gegründet wurden. Sydney Kidman, der Cattle-King des Outbacks, konnte so seine Herden gefahrlos von einer sicheren Wasserstelle zur nächsten treiben. Im Laufe der Jahre reichte sein Besitz von Adelaide im Süden bis zum Golf von Carpentaria im Norden und umfasste eine Fläche von 260.000 Quadratkilometern.

Australiens Trucker sind freie Unternehmer, so genannte „Owner Operators", gehören aber trotzdem einer Gewerkschaft an. Heute ist Australien ein Land mit hoher Exportabhängigkeit. Das Traumland der letzten Abenteurer ist Vergangenheit und die Zukunft sieht für die Truckies reichlich düster aus. Zu hart ist der Wettbewerb und zu hoch sind die Kosten. Mit drakonischen Maßnahmen versucht die Regierung die Energieversorgung in den Griff zu bekommen, da die Treibstoffkosten enorm hoch sind.

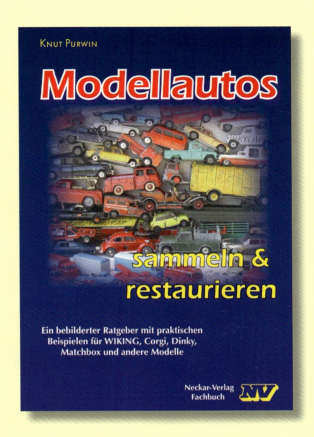

Knut Purwin
Modellautos sammeln und restaurieren

Viele Modellautofreunde und -sammler besitzen das eine oder andere Automodell, welches im Laufe der Jahrzehnte etwas gelitten hat. Leider gibt es seitens der verschiedenen Automodell-Hersteller kaum Möglichkeiten, Originalersatzteile für alte Exemplare nachzuliefern.

Mit den in diesem Buch beschriebenen Anleitungen erhält der Leser erprobte Informationen, um selber Hand an sein Modell legen zu können, ohne erst viel „experimentieren" zu müssen. Der Ratgeber enthält zahlreiche Tipps und Ratschläge, wie man bei der Rekonstruktion und Beschaffung von Ersatzteilen am einfachsten vorgehen kann, damit das Endergebnis ohne Umwege wirklich ungetrübte Freude bereitet.

Umfang	128 Seiten	**Best.-Nr.**	**162**
Abbildungen	126	**Preis**	**€ 14,60 [D]**

Neckar-Verlag GmbH • D-78045 Villingen-Schwenningen
Tel. +49(0)7721/8987-48 / -38 (Fax -50)
E-Mail: bestellungen@neckar-verlag.de • www.neckar-verlag.de

Gerhard O. W. Fischer
RC-Ketten-, Rad- und Sonderkraftfahrzeuge
Modelle und Vorbilder

In diesem Buch kommen vermehrt die Modellbauer zu Wort, die ihre beeindruckenden Modelle in Wort und Bild vorstellen. Selbstverständlich werden auch die Baukasten-Modelle einschlägiger Firmen beschrieben, aber auch die entsprechenden Originale vorgestellt. Dabei spannt sich der Bogen von den aktuellen Ketten- und Sonderkraftfahrzeugen der Deutschen Bundeswehr über Fahrzeuge der ehemaligen Deutschen Wehrmacht bis hin zu kettengetriebenen Baumaschinen und zivilen Kettenfahrzeugen. Dieses Fachbuch wird wohl weiterhin als das absolute Standardwerk für all diejenigen gelten, die sich für Ketten- und Sonderkraftfahrzeuge begeistern können.

Umfang	280 Seiten	Best.-Nr.	686
Abbildungen	309	Preis	€ 25,– [D]

Neckar-Verlag GmbH • D-78045 Villingen-Schwenningen
Tel. +49(0)7721/8987-48 / -38 (Fax -50)
E-Mail: bestellungen@neckar-verlag.de • www.neckar-verlag.de